"双一流"高校本科规划教材

电工电子实验教程

（第三版）

张雪芹　宋继荣　主编

华东理工大学出版社
EAST CHINA UNIVERSITY OF SCIENCE AND TECHNOLOGY PRESS

·上海·

图书在版编目(CIP)数据

电工电子实验教程/张雪芹,宋继荣主编. —3 版.
—上海:华东理工大学出版社,2022.8
ISBN 978 - 7 - 5628 - 6825 - 5

Ⅰ.①电… Ⅱ.①张… ②宋… Ⅲ.①电工试验-高
等学校-教材 ②电子技术-实验-高等学校-教材 Ⅳ.
①TM ②TN-33

中国版本图书馆 CIP 数据核字(2022)第 090263 号

内容提要

本实验教程以电工电子实验基本技能训练为目的,侧重实验方法的学习。全书包括两个部分:第一篇是电工技术实验,包括电源等效变换及戴维宁定理、并联交流电路等 8 个实验和 1 个电力系统认知实验。第二篇是电子技术实验,其中模拟电子技术部分包括单管放大器的研究、运算放大器的线性应用实验等 10 个实验;数字电路部分包括触发器、计数器等 5 个实验,以及 1 个信号的采集、放大和显示综合型、设计型实验。书中根据每个实验教程的内容相应地提供了简明的预备知识,同时对实验中涉及的仪器设备和电子元器件的工作原理和使用方法进行了简明扼要的介绍。本实验教程涵盖硬件实验、虚拟仿真实验和软件仿真实验等多种实验方法和手段。

本教程适用于高等院校电工学、电工技术、电子技术、电路等相关课程的实验教学。

项目统筹/吴蒙蒙
责任编辑/吴蒙蒙
责任校对/石 曼
装帧设计/徐 蓉
出版发行/华东理工大学出版社有限公司
　　　　　　地　址:上海市梅陇路 130 号,200237
　　　　　　电　话:021—64250306
　　　　　　网　址:www.ecustpress.cn
　　　　　　邮　箱:zongbianban@ecustpress.cn

扫码获取
实验报告

印　　刷/常熟市双乐彩印包装有限公司
开　　本/787mm×1092mm　1/16
印　　张/13.5
字　　数/354 千字
版　　次/2022 年 8 月第 3 版
印　　次/2022 年 8 月第 1 次
定　　价/43.80 元

前　言

电工电子实验是高等院校工科类专业电工学、电工技术、电子技术及相关课程的实践性环节,是整个教学过程的重要组成部分。

本书实验内容丰富、覆盖面广,实验涵盖电工技术、电子技术两部分内容,同时包括电工电子常用仪器设备介绍、Multisim仿真软件介绍和基本实验技能介绍。实验项目设计贴近生产和生活,既有验证型实验,又有设计型和综合型实验;既有硬件实验,又有软件实验和虚拟仿真实验。同时,每个实验均包含多个实验题目,并提供可选实验。实验教师可以根据专业及学时的不同以及学生实验能力的不同,对实验内容进行组合,采用不同的实验形式,以满足不同层次的实验教学需要。

本书中的基本实验部分已在华东理工大学使用了二十多年,本次第三版编写新增了虚拟仿真实验,改版了综合型、设计型实验,增加了实验记录页,以适应过程考核的需要,并提供实验课件。本书可以与张南主编的《电工学(少学时)》及其他电工、电子教材配套使用。

本书实验1~4,6~11,15~18以及附录2由张雪芹编写,实验5,12~14,19~25以及附录1由宋继荣编写,附录3~8由朱奇编写。全书由张雪芹统稿。

本书的编写得到华东理工大学现代信息技术教研室和信息技术实验教学中心多位同仁的支持和帮助,他们提出了许多宝贵的意见和建议,在此深表感谢。

由于作者的水平有限,书中难免存在错误和不妥之处,敬请广大读者批评指正。

编　者

2022年4月于华东理工大学

目　　录

实验注意事项

一、实验中要认真仔细，爱护仪器设备和公物，注意安全。

二、实验过程中操作人员必须单手操作，防止触电引起人身事故。

三、接线前，应检查实验用导线是否完好，严禁使用破损导线。

四、实验中所有接线必须先自行核对，然后请指导教师检查，未经同意不得接通电源。如未经指导教师许可而擅自通电造成仪器设备损坏，必须赔偿相应的损失，责任由肇事者承担。

五、所有接线的连接应牢固，防止实验过程中接头脱落。接线时应注意不能使导线的金属部分裸露出过长，否则容易引起触电事故或碰线短接故障。

六、在电路通电情况下，不要用手接触电路中不绝缘的金属导线或连接点。

七、实验中如遇到事故或发现异常现象，要立即切断电源，并报告指导教师，经查明原因排除故障后方可继续进行实验。

八、实验中若要更改接线，须"先断电，后动线"。临时断开的导线必须完全拆除，严禁导线一端悬空。

九、实验完毕之后，应该由指导教师检查实验结果，然后再拆除接线，经实验室工作人员检查确认仪器设备完好无损后，方可离开实验室。

十、不要随便动用与本实验无关的仪器设备。

十一、实验室的各类器材不得擅自带出，私人的各类无线电器材元件未经允许一律不得带进实验室。

实验预习与实验报告的要求

一、实验预习要求

实验前应认真阅读实验教材,学习相关原理,实验预习应包括以下内容:

1. 明确实验目的,了解实验的内容和实验的操作步骤。

2. 掌握与实验内容有关的定性分析和定量计算。

3. 了解实验仪器和设备的使用方法及注意事项。

4. 回答指定的预习思考题。

5. 对部分实验,根据实验要求自行拟定实验数据记录表格。

二、实验报告撰写要求

实验报告是对实验工作的全面总结,实验报告的重点是实验数据的整理与分析。

实验报告主要包括以下各项:

1. 记录实验电路(包括元器件参数)、实验数据与波形,以及实验过程中出现的故障等。

2. 对原始记录进行必要的分析、整理,应包括实验数据与计算结果的比较,产生误差的原因及减小误差的方法,实验故障原因的分析等。

3. 回答实验思考题。

实验报告的要求:书写工整,数据记录清楚,回答问题简明扼要、有条有理,电路图不得随手乱画,实验曲线、波形应画在方格纸上,粘贴于实验报告的相应位置。实验数据一般要求保留 3 或 4 位有效数字,末位四舍五入。

基本实验技能和要求

本课程实验中电工电子基本实验技能主要包括以下几点：

一、基本实验技能

1. 接线

（1）合理安排仪表元件的位置，接线该长则长、该短则短，尽量做到接线清楚、容易检查、操作方便。

（2）接线牢固可靠。

（3）先接电路的主回路，再接并联支路。

（4）为了安全起见，接线时通常最后接电源部分，拆线时应先拆电源部分。操作中严禁带电拆线、接线。

2. 选取数据点

根据所学理论知识，预先估计被测曲线趋势和特殊点，曲线变化急剧的地方应多选取数据点，变化缓慢的地方可少选取数据点，使选取的数据点尽可能少而又能真实反映客观情况。

3. 读取测量仪表指示值

（1）合理选择量程。对指针式仪表，使其指针偏转大于 2/3 满量程时较为合适。同一量程中，指针偏转越大越准确。

（2）对指针式仪表，在测量仪表量程与表面分度一致时，可以直接读取读数作为测量值；如果两者不一致，则先记下指针指示的格数，再进行换算，并注意读出足够的有效数字。

二、仪器设备的基本使用方法

1. 了解设备的名称、用途、铭牌规格及面板旋钮情况。使用时各旋钮应放在正确的位置，禁止胡乱拨动旋钮。

2. 明确仪器设备使用要求

（1）要注意所使用设备的最大允许输出值。例如，调压器、稳压电源有最大输出电流限制，电机有最大输出功率限制，信号源有最大输出功率及最大信号电流限制等。

（2）要注意测量仪表仪器的最大允许输入量。如万用表、数字频率计、示波器等的输入端都规定有最大允许的输入值，使用时不得超过允许值，否则会损坏仪器设备。

（3）对多量程仪表（如万用表）要合理选用量程。

（4）不能用欧姆挡测量电压或用电流挡测量电压等。

3. 学会判断仪器设备是否工作正常。有自校功能的可通过自校信号对设备进行检查，如示波器有自校正弦波或方波，频率计有自校标准频率等。

三、故障分析与检查排除

1. 实验中常见故障

（1）连线：连线错误、接触不良、断路或短路等；

（2）元件：元件选取或元件值选取错误，包括电源输出错误等；

（3）参考点：电源、实验电路、测试仪器之间公共参考点连接错误等。

2. 故障检查方法

故障检查方法很多，一般是根据故障类型，首先确定大致的故障范围，然后在小范围内逐点检查，最后找出故障点并给予排除。简单实用的方法是用万用表在通电状态下用电压挡或断电状态下用电阻挡检查电路故障。

（1）带电检查法：用万用表的电压挡（或电压表），在接通电源的情况下，根据实验原理，如果电路某两点之间应该有电压，而万用表测不出电压，或某两点之间不应该有电压，而万用表测出了电压，或所测电压值与电路原理不符，则定位故障在此两点间。

（2）断电检查法：用万用表的电阻挡（或欧姆表），在断开电源的情况下，根据实验原理，如果电路某两点应该导通（无电阻或电阻极小），而万用表测出开路（或电阻极大），或某两点应该开路（或电阻很大），但测得的结果为短路（或电阻极小），则定位故障在此两点间。

第一篇　电工技术实验

实验1 电路元件伏安特性的测量

1.1 实验目的

1. 学会识别常用电路元件的方法。
2. 掌握线性电阻、非线性电阻元件伏安特性的测量。
3. 掌握实验台上直流电工仪表和设备的使用方法。

1.2 预备知识

任何一个二端元件的特性可用该元件两端施加的电压 U 与通过该元件的电流 I 之间的函数关系 $I=f(U)$ 来表示,即用 I-U 平面上的一条曲线来表征,这条曲线称为该元件的伏安特性曲线。

(1)线性电阻器的伏安特性曲线是一条通过坐标原点的直线,如图 1-1 中直线 a 所示。直线的斜率等于该电阻阻值的倒数。

(2)通常将白炽灯视为线性电阻,但实际工作时灯丝处于高温状态,其灯丝电阻随着温度的升高而增大,一般灯泡的"冷电阻"与"热电阻"的阻值可相差几倍至十几倍。白炽灯的伏安特性如图 1-1 中曲线 b 所示。

(3)半导体二极管是非线性元件。当向二极管施加正向电压时,如果正向电压低于死区电压(一般的锗管约为 0.2 V,硅管约为 0.5 V),正向电流几乎为零,二极管工作在"死区"。随着正向电压逐渐升高,电流急剧上升,二极管"导通"。当向二极管施加反向电压时,反向电压从零一直增加到几十至上千伏时,其反向电流很小,二极管工作在"截止状态"。但当反

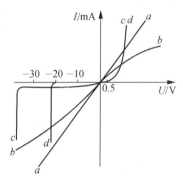

图 1-1 伏安特性曲线

向电压加得过高,超过管子的极限值时,则击穿二极管,导致管子损坏。二极管的伏安特性如图 1-1 中曲线 c 所示。从伏安特性曲线中可以看出,二极管具有单向导电性。

(4)稳压二极管是一种特殊的半导体二极管,其正向特性与普通二极管类似,但其反向特性较特别,如图 1-1 中曲线 d 所示。在反向电压开始增加时,其反向电流几乎为零,但当电压增加到某一数值时,稳压管反向击穿,电流突然增加,并且其端电压基本维持恒定,当外加的反向电压继续升高时其端电压仅有少量增加。稳压管工作在反向击穿区,其击穿是可逆的。

(5)理想的直流电压源输出固定幅值的电压,输出电流大小取决于它所连接的外电路。因此它的伏安特性曲线是平行于电流轴的直线,如图 1-2(a)中实线所示。实际电压源可以用一个理想电压源 U_S 和内电阻 R_0 相串联的电路模型来表示。实际电压源的端电压 U 和电流 I 的关系式为 $U=U_S-R_0\times I$。实际电压源的伏安特性曲线如图 1-2(a)中虚线所示。

(6)理想的直流电流源输出固定幅值的电流,其端电压的大小取决于外电路,它的伏安特性曲线是平行于电压轴的直线,如图 1-2(b)中实线所示。实际电流源可以用一个理想电流源 I_S 和 R_i 相并联的电路模型来表示。实际电流源的输出电流 I 和电压 U 的关系式为 $I=I_S-U/R_i$。

实际电流源的伏安特性曲线如图 1-2(b)中虚线所示。

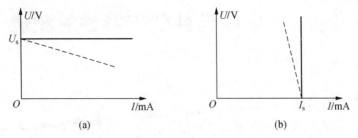

图 1-2　电压源和电流源伏安特性曲线

1.3　实验设备

(1) 可调直流稳压电源;(2) 可调直流恒流源;(3) 万用表;(4) 电阻箱;(5) 实验方板和器件。

可调直流稳压电源为电路提供连续可调的直流电压,使用时输出端不能短路。在实验中使用时,通常先将直流稳压的两个输出端开路,根据实验要求调节好所需输出电压,然后关闭待用。等电路连接完毕后,再将直流稳压电源接入电路,并打开电源。这样可以避免电压过高烧坏实验器件,或者电路连接过程中将稳压电源输出端短路。

可调直流恒流源为电路提供连续可调的直流电流,使用时输出端不能开路。在实验中使用时,通常先使恒流源的两个输出端短路,根据实验要求调节好所需输出电流后,然后关闭待用。等电路连接完毕后,将直流恒流源接入电路,并打开电源。这样可以避免电流过大损坏实验器件,或者电路连接过程中将恒流源输出端开路。

实验方板如图 1-3 所示,又称"九孔板"。板面上以"日"字形、"田"字形和"一"字形相连的孔内部导通。元器件通过插在九孔板上进行连接。**使用时需要注意不要将电压源的两个输出端接在相连通的孔上,造成电源短路。**

万用表使用时要注意测量的是交流还是直流信号,注意选择量程,特别要注意不要用电流挡去测量电压,否则会烧坏万用表。

可调直流稳压电源和可调直流恒流源及万用表的具体使用方法参见附录。

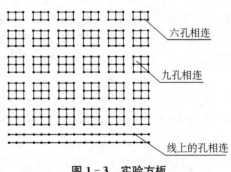

图 1-3　实验方板

六孔相连

九孔相连

线上的孔相连

1.4　实验内容

1.4.1　必做实验

实验 1-1　测量线性、非线性元器件的伏安特性

1. 测量线性电阻元件的伏安特性

(1) 按图 1-4 接线,U_S 为直流稳压电源,使用时先将直流稳压电源输出电压调至 0 V。

(2) 调节直流稳压电源输出电压,使电压 U_S 分别为 0 V、2 V、4 V、6 V、8 V、10 V,依次测量电流 I 和负载 R_L 两端电压 U,数据记入表 1-1 中。

（3）断开电源,将直流稳压电源输出电压置零。

2. 测量非线性电阻元件的伏安特性

（1）按图 1-5 接线,实验中所用的非线性电阻元件为 12 V/0.1 A 小灯泡。

（2）调节直流稳压电源输出电压旋钮,使其输出电压分别为 0 V、0.5 V、1 V、2 V、3 V、4 V、5 V、6 V,依次测量电流 I 及灯泡两端电压 U,将数据记入表 1-2 中。

（3）断开电源,将直流稳压电源输出电压复零。

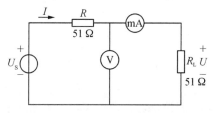　　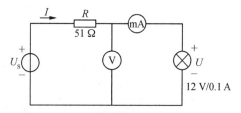

图 1-4　线性电阻元件的实验线路　　　　图 1-5　非线性电阻元件的实验线路

3. 测量直流电压源的伏安特性

（1）理想直流电压源的伏安特性测试

将直流稳压电源视作理想电压源。参考图 1-6 接线,直流稳压电源的输出电压调节为 $U_S=10$ V,改变电阻箱 R_L 的值,使其分别为 100 Ω、51 Ω、22 Ω、10 Ω、5.1 Ω、1 Ω,测量相应的电流 I 和直流电压源端电压 U,将数据记入表 1-3 中。

（2）测量实际直流电压源的伏安特性

将直流稳压电源 U_S 与电阻 $R_0=100$ Ω 相串联,模拟实际直流电压源。参考图 1-7 接线,参照上面的方法测量相应的实际电压源的端电压 U 和电流 I,将数据记入表 1-4 中。

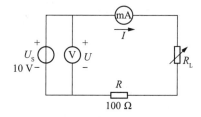　　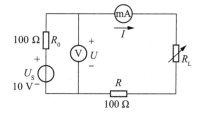

图 1-6　理想电压源实验线路　　　　图 1-7　实际电压源实验线路

4. 测量直流电流源的伏安特性

（1）测量理想直流电流源的伏安特性

将直流恒流电源视作理想电源。参考图 1-8 接线,调节直流稳电源的输出电流为 $I_S=24$ mA,改变 R_L 的值分别为 300 Ω、200 Ω、100 Ω、50 Ω、22 Ω,测量相应的电流 I 和电压 U,将数据记入表 1-5 中。

（2）测量实际直流电流源的伏安特性

将电流源与电阻 $R_i=1$ kΩ 并联来模拟实际电流源。参考图 1-9 接线,参照上面的方法测量相应的实际电流源的端电压 U 和电流 I,将数据记入表 1-6 中。

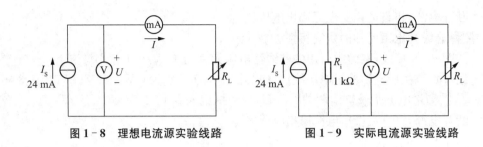

图1-8 理想电流源实验线路　　图1-9 实际电流源实验线路

1.4.2 开放实验

实验1-2 测量稳压管和二极管的伏安特性

1. 测量稳压管的伏安特性

(1) 正向特性测试。按图1-10(a)接线,图中 R 为限流电阻。在2CW51两端施加正向电压 U,U 的取值范围为 $0\sim0.75$ V,测量电流 I,将数据记入表1-7中。

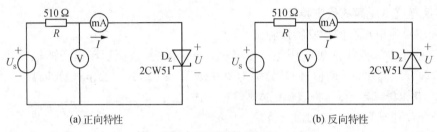

(a) 正向特性　　　　　　　　　(b) 反向特性

图1-10 稳压管元件的实验线路

(2) 反向特性测试。将2CW51反接,如图1-10(b)所示。直流稳压电源的输出电压 U_s 从0 V到20 V逐渐增加,测量2CW51两端的电压 U 及电流 I 由 U 的变化可看出其稳压特性。测量所得的数据记录在表1-8中。

注意:测量时,为了减小电压表并联对电流测量值的影响,每次稳压管两端的电压值 U 调好后,应将并联在稳压管两端的电压表除去后再测量电流。

2. 测量二极管的伏安特性

(1) 参考图1-11接线,图中 R 为限流电阻。

(2) 二极管的正向特性测试。在二极管 D 的两端施加正向电压 U,U 在 $0\sim0.75$ V 之间变化,测量电流 I 记入表1-9中。注意其正向电流不得超过 35 mA。

(3) 二极管反向特性测试。将图1-11中的二极管反接,使 U_s 在 $0\sim30$ V 之间变化,测量IN4007两端电压 U 及电流 I,记入表1-10中。(注:由于IN4007反向耐压为1 000 V,所以实验中无法做到反向击穿)。

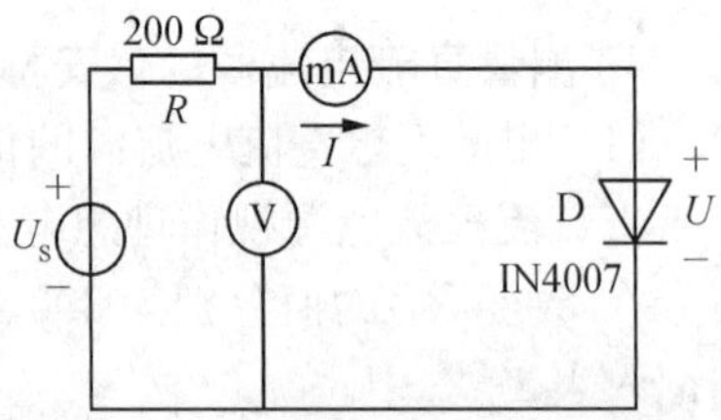

图1-11 二极管元件的实验线路

注意:测量时,为了减小电压表并联对电流测量值的影响,每次二极管两端的电压值 U 调好后,应将并联在二极管两端的电压表除去后再测量电流。

1.5 预习思考题

1. 阅读各项实验内容,理解有关实验原理,明确实验目的。

2. 阅读附录,学习可调直流稳压电源、可调直流恒流源及万用表的使用方法。

3. 通常直流稳压电源的输出端是否允许短路,直流恒流源的输出端是否允许开路,为什么?

4. 线性电阻与非线性电阻的概念是什么?

5. 设某器件伏安特性曲线的函数式为 $I = f(U)$,试问在逐点绘制曲线时,其坐标变量应如何放置?

1.6　分析与总结

1. 根据各实验数据,分别在方格纸上绘制出光滑的伏安特性曲线。

2. 根据实验结果,总结、归纳被测各元件的特性。

3. 从伏安特性曲线看欧姆定律,它对哪些元件成立,对哪些元件不成立?

4. 实际电压源与电流源的外特性为什么呈下降变化趋势,理想电压源和电流源的输出在任何负载下是否保持恒值?

1.7　实验注意事项

1. 电流表应串接在被测电流支路中,电压表应并接在被测电压两端,要注意直流仪表"＋""－"端的接线,并选取适当的量程。

2. 换接线路时,必须关闭电源开关。

3. 直流稳压电源的输出端不能短路,恒流源的输出端不能开路。

4. 测量中,流过二极管或稳压二极管的电流不能超过管子的极限值,否则管子会被烧坏。

实验数据记录 1

学号:_____ 姓名:_____ 实验日期:_____

表 1-1 线性电阻元件实验数据

U_S/V	0	2	4	6	8	10
I/mA						
U/V						
R/Ω						

表 1-2 非线性电阻元件实验数据

U_S/V	0	0.5	1	2	3	4	5	6
I/mA								
U/V								
R/Ω								

表 1-3 理想电压源实验数据

R_L/Ω	100	51	22	10	5.1	1
I/mA						
U/V						

表 1-4 实际电压源实验数据

R_L/Ω	100	51	22	10	5.1	1
I/mA						
U/V						

表 1-5 理想电流源实验数据

R_L/Ω	300	200	100	50	22
I/mA					
U/V					

表 1-6 实际电流源实验数据

R_L/Ω	300	200	100	50	22
I/mA					
U/V					

表 1－7　稳压管正向特性实验数据

U/V	0.10	0.30	0.50	0.60	0.70	0.75
I/mA						

表 1－8　稳压管反向特性实验数据

U_S/V	0	1	3	5	10	15	20
U/V							
I/mA							

注:反向时 U、I 取负值

表 1－9　二极管正向特性实验数据

U/V	0.10	0.30	0.50	0.60	0.70	0.75
I/mA						

表 1－10　二极管反向特性实验数据

U_S/V	0	5	10	15	20	25	30
U/V							
I/mA							

注:反向时 U、I 取负值

实验 2　基尔霍夫定律和叠加定理验证

扫码预习

2.1　实验目的

1. 验证基尔霍夫电流定律(KCL)和电压定律(KVL)。
2. 验证叠加定理,加深对该定理的理解。
3. 加深对电流和电压参考方向的理解。

2.2　预备知识

1. 基尔霍夫电流定律(KCL)

KCL 指出,对电路中任一结点,在任一瞬间,流入结点的电流总和等于流出该结点的电流总和,即

$$\sum I_入 = \sum I_出$$

基尔霍夫电流定律也可表示为

$$\sum I = 0$$

即在任一结点上,各电流的代数和为 0。此时若流入结点的电流为正,则流出结点的电流为负;反之亦然。基尔霍夫电流定律反映了电流的连续性。说明了结点上各支路电流的约束关系。

2. 基尔霍夫电压定律(KVL)

KVL 指出,从回路的任意一点出发,沿回路绕行一周回到原点时,在绕行方向上,各部分电位升的和等于各部分电位降的和,即

$$\sum V_升 = \sum V_降$$

基尔霍夫电压定律也可表示为

$$\sum U = 0$$

即从回路的某点出发,沿回路绕行一周,回到原点时,在绕行方向上各部分电压降的代数和为 0。基尔霍夫电压定律说明了电路回路中各段电压之间的关系。

3. 叠加定理

对于多个电源作用的线性电路(由线性元件构成的电路称线性电路),任一支路的电流,都可以认为是由各个电源单独作用时分别在该支路中产生的电流的代数和。对于各个元件上的电压都可以认为是由各个电源单独作用时分别在该元件上产生的电压的代数和。

所谓电源单独作用,是指只保留一个电源,而使其余电源为零(理想电压源短接,理想电流源开路),但内阻仍保留。

4. 正方向与实际方向

为了便于分析、计算电路,当电压、电流的实际方向难以确定时,可先假定一个正方向(并不一定与实际方向一致),通过分析计算,若结果为正,则表示假定方向与实际方向一致;反之,

相反。

实验中，测量的电压、电流的实际方向由电压表、电流表的"＋"端所标明。

2.3 实验设备

（1）可调直流稳压电源；（2）可调直流恒流源；（3）万用表；（4）实验方板和器件。

2.4 实验内容

本实验可采用 Multisim 仿真软件完成，也可搭接线路完成。

2.4.1 必做实验

实验 2-1 验证基尔霍夫定律

1. 验证基尔霍夫电流定律（KCL）

（1）按图 2-1 接线，U_{S1}、U_{S2} 由直流稳压电源提供。

（2）以结点 b 为例，依次测出电流 I_1、I_2 和 I_3，数据记录在表 2-1 内。

（3）根据 KCL 定律计算 $\sum I$，将结果填入表 2-1，验证 KCL。

2. 验证基尔霍夫电压定律（KVL）

（1）实验线路如图 2-1 所示。

（2）依次测出回路 1（绕行方向：$beab$）和回路 2（绕行方向：$bcdeb$）中各部分的电压值，数据记录在表 2-2 内。

（3）根据 KVL 定律，计算 $\sum U$，将结果填入表 2-2，验证 KVL。

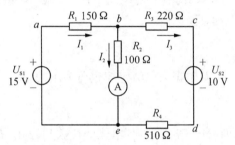

图 2-1 验证基尔霍夫定律实验线路

实验 2-2 线性电压源电路叠加定理验证

1. 电压源电路

按图 2-2 接线，取直流稳压电源 $U_{S1}=10\text{ V}$，$U_{S2}=15\text{ V}$，电阻 $R_1=330\ \Omega$，$R_2=100\ \Omega$，$R_3=51\ \Omega$。

（1）当 U_{S1}、U_{S2} 两电源共同作用时，测量各支路电流和各元件上的电压值。

选择合适的电流表、电压表量程及接入电路的极性，接入电源 U_{S1}、U_{S2}，测量电流 I_1、I_2、I_3 和电压 U_1、U_2、U_3。根据图 2-2 中各电流和电压的正方向，确定被测电流和电压的正负号后，将数据记入表 2-3 中。

（2）当电源 U_{S1} 单独作用时，测量各电流和电压的值。

将 U_{S2} 除源，U_{S1} 电源单独作用，重复上述实验步骤，将测量数据记入表 2-3 中。

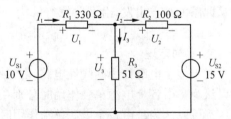

图 2-2 验证线性电压源电路叠加定理的实验线路

（3）当电源 U_{S2} 单独作用时，测量各电流和电压的值。

将 U_{S1} 除源，U_{S2} 电源单独作用，重复上述实验步骤，将测量数据记入表 2-3 中。

（4）按表 2-3 中的数据计算验证叠加定理。

注意:除源是指 U_{S1}、U_{S2} 处用短接线代替,而不是将直流稳压电源本身短路。

2. 电压源、电流源共存电路

将图 2-2 中的 U_{S2} 用 10 mA 恒流源 I_{S2} 代替,重复实验 2-2 中(1)~(4)的测量过程,数据记录在表 2-4 中。

注意:U_{S1} 单独作用时,应将 I_{S2} 开路。

2.4.2　开放实验

实验 2-3　非线性电路叠加定理验证

将图 2-2 中 R_1(330 Ω)换成二极管 IN4007,重复实验 2-2 中(1)~(4)的测量过程,数据记录表格参照表 2-3 自拟,验证在非线性电路中叠加定理是否成立。

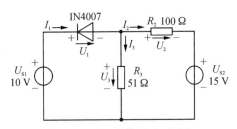

图 2-3　验证非线性电路叠加定理的实验线路

2.5　预习思考题

1. 根据图 2-2 的电路参数,估算待测的电流 I_1,I_2,I_3 和各电阻上的电压值,以便测量时,可正确地选择电流表和电压表的量程。

2. 实验中,若用直流数字毫安表测量各支路电流,如果显示数据前出现负号,意义是什么?

3. 在进行叠加定理实验时,除源电压源、电流源应怎样处理? 可否直接将直流稳压电源短接?

4. 在各实验电路中,若将其中一个电阻器换成二极管,试问叠加定理的叠加性还成立吗? 为什么?

2.6　分析和讨论

1. 计算表 2-2 中的 $\sum U$ 是否为零,并说明为什么?

2. 根据图 2-2 中给定的电路参数和电流、电压参考方向,分别计算两电源共同作用和单独作用时各支路电流和电压的值,和实验数据进行相对照,并加以总结和验证。

3. 通过对实验数据的计算,判别图 2-2 中三个电阻上的功率是否也符合叠加原理,为什么?

2.7　实验注意事项

1. 使用指针式仪表时,要特别注意指针的偏转情况,及时调换表棒的极性,防止指针打弯或损坏仪表。

2. 图 2-2 和图 2-3 中标示的各电流和电压的方向为正方向,测量时要根据测量仪表的读数情况判断实际方向。

实验数据记录 2

学号：_____　　　姓名：_____　　　实验日期：_____

表 2-1　验证 KCL 实验数据

I_1/mA	I_2/mA	I_3/mA	$\sum I/\text{mA}$

表 2-2　验证 KVL 实验数据

回路 1 (beab)	U_{be}/V	U_{ea}/V	U_{ab}/V		$\sum U/\text{V}$
回路 2 (bcdeb)	U_{bc}/V	U_{cd}/V	U_{de}/V	U_{eb}/V	$\sum U/\text{V}$

表 2-3　叠加定理实验数据表（一）

电源	电流/mA			电压/V		
U_{S1}、U_{S2} 共同作用	I_1	I_2	I_3	U_1	U_2	U_3
U_{S1} 单独作用	I_1'	I_2'	I_3'	U_1'	U_2'	U_3'
U_{S2} 单独作用	I_1''	I_2''	I_3''	U_1''	U_2''	U_3''
验证 叠加定理	$I_1'+I_1''$	$I_2'+I_2''$	$I_3'+I_3''$	$U_1'+U_1''$	$U_2'+U_2''$	$U_3'+U_3''$

表 2-4　叠加定理实验数据表（二）

电源	电流/mA			电压/V		
U_{S1}、U_{S2} 共同作用	I_1	I_2	I_3	U_1	U_2	U_3
U_{S1} 单独作用	I_1'	I_2'	I_3'	U_1'	U_2'	U_3'
I_{S2} 单独作用	I_1''	I_2''	I_3''	U_1''	U_2''	U_3''
验证 叠加定理	$I_1'+I_1''$	$I_2'+I_2''$	$I_3'+I_3''$	$U_1'+U_1''$	$U_2'+U_2''$	$U_3'+U_3''$

扫码预习

实验 3 电源等效变换及戴维宁定理

3.1 实验目的

1. 验证电压源与电流源等效变换的条件。
2. 验证戴维宁定理和诺顿定理的正确性,加深对定理的理解。
3. 掌握测量有源二端网络等效参数的一般方法。

3.2 预备知识

1. 直流电压源与直流电流源的等效变换

一个实际的电源,就其外部特性而言,既可以看作一个电压源,又可以看作一个电流源。若视为电压源,则可用一个理想的电压源 U_S 与一个电阻 R_0 相串联的模型来表示;若视为电流源,则可用一个理想电流源 I_S 与一个电阻 R_i 相并联的模型来表示。如果这两种电源具有相同的外特性,即能向相同负载提供相同的电流和电压,则称这两个电源是等效的(图 3-1)。一个电压源与一个电流源等效变换的条件为

$$I_S = U_S / R_0 , R_0 = R_i$$

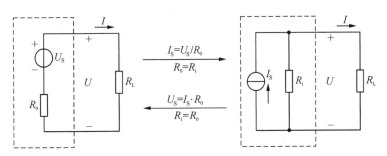

图 3-1 电压源与电流源等效变换

2. 戴维宁定理和诺顿定理

戴维宁定理指出:任何一个线性有源二端网络,总可以用一个理想电压源 U_{S0} 和内阻 R_0 相串联的支路来等效。

诺顿定理指出:任何一个线性有源二端网络,总可以用一个理想电流源 I_S 和内阻 R_0 相并联的支路来等效。

其中,U_{S0} 为有源二端网络的开路电压,I_S 为有源二端网络的短路电流,R_0 为有源二端网络中除去所有电源后的等效电阻。U_{S0}、I_S 和 R_0 称为有源二端网络的等效参数。

3. 有源二端网络等效参数的测量方法

(1)开路电压 U_{ab} 的测定方法

当有源二端网络的等效电阻 R_0 与万用表电压挡的内阻相比可以忽略不计时,可以用电压表直接测量该网络的开路电压 U_{ab},如图 3-2 所示。

当有源二端网络的等效电阻 R_0 较大时,用电压表直接测量开路电压的误差较大,这时需要采用补偿法测量开路电压。有关补偿法的相关内容可自行查阅,这里不做叙述。

（2）等效电阻 R_0 的测定方法

等效电阻 R_0 的测定可采用开路电压、短路电流法。在有源二端网络输出端开路时,用电压表直接测其输出端的开路电压 U_{ab},然后再将其输出端短路,串入电流表测其短路电流 I_{SC}。

$$R_0 = \frac{U_{ab}}{I_{SC}}$$

图 3-3 为测量有源二端网络短路电流 I_{SC} 的电路。这种方法简便,但对于不允许直接短路的二端网络是不能采用的,此时可采用半偏法或(半电压法)测 R_0。

所谓半偏法,是先测出有源二端网络的开路电压 U_{ab},再按图 3-4 接线,R_L 为电阻箱的电阻,调节 R_L,使其两端电压 U_{RL} 为开路电压 U_{ab} 的一半,即 $U_{RL} = \frac{1}{2}U_{ab}$,此时 R_L 的数值即等于 R_0。这种方法克服了前两种方法的局限性,在实际测量中被广泛采用。

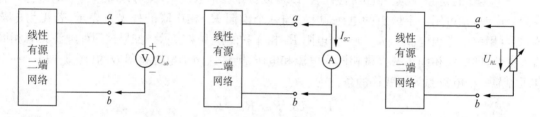

图 3-2 直接测量开路电压的电路　图 3-3 测定短路电流的电路　图 3-4 半偏法测入端等效电阻

3.3 实验设备

（1）可调直流稳压电源;（2）可调直流恒流源;（3）万用表;（4）电阻箱;（5）实验方板和器件。

3.4 实验内容

3.4.1 必做实验

实验 3-1 验证电压源与电流源等效变换的条件

按图 3-5(a)线路接线,记录线路中两表的读数 I、U。然后按图 3-5(b)接线,调节恒流源的输出电流 I_S,使两表的读数与图 3-5(a)中的数值相等,记录 I_S,验证等效变换条件的正

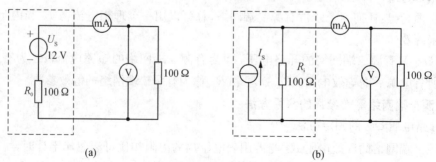

(a)　　　　　　　(b)

图 3-5 电源等效变换

确性。I、U、I_S 记录在实验数据记录页中。

实验 3-2　有源二端网络和戴维宁等效电源外特性测试

1. 测量有源二端网络的开路电压 U_{ab} 和等效电阻 R_0

按图 3-6 接线(不接入负载 R_L),取 $U_S = 25$ V,$R_1 = 150\ \Omega$,$R_2 = R_3 = 100\ \Omega$,参照实验原理与说明,用直接测量法测量开路电压 U_{ab},用开路电压、短路电流法测量短路电流 I_{SC},并计算等效电阻 R_0,将测量结果记录在实验数据记录页中。

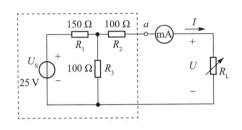

图 3-6　有源二端网络实验线路

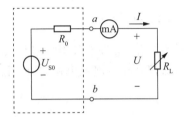

图 3-7　戴维宁等效电源电路

2. 测定有源二端网络的外特性

参照图 3-6,在有源二端网络的 a、b 端上接入负载电阻 R_L,R_L 分别取表 3-1 中所列的各值,测量相应的端电压 U 和电流 I,记入表 3-1 中。

注意:如果 R_L 使用电阻箱,应调节好阻值后再接入。

3. 测定戴维宁等效电源的外特性

按图 3-7 接线,图中 U_{S0} 和 R_0 为图 3-6 中有源二端网络的开路电压 U_{ab} 和等效电阻 R_0,U_{S0} 从直流稳压电源取得。在 a、b 端接入负载电阻 R_L,R_L 分别取表 3-1 中所列的各值,测量相应的端电压 U 和电流 I,记入表 3-1 中。

3.4.2　开放实验

实验 3-3　诺顿等效电源外特性测试

实验电路参考图 3-8。R_0 和 I_S 取实验 3-2 中步骤 1 所测得的等效电阻 R_0 和短路电流值 I_{SC},参照实验 3-2 的步骤 3 测量其外特性,对诺顿定理进行验证。数据记录在表 3-2 中,并与表 3-1 中的数据进行比较。

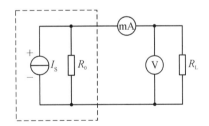

图 3-8　诺顿等效电源电路

3.5　预习思考题

1. 阅读各项实验内容,理解有关实验原理,明确实验目的。

2. 实际电源有几种表现形式,分别画图表示。

3. 理想电压源和理想电流源能否做等效变换?

4. 什么是有源二端网络?根据戴维宁定理和诺顿定理,有源二端网络可以如何等效?

3.6 分析与总结

1. 根据实验结果,验证电源等效变换的条件。

2. 根据图 3-6 中已给定的有源二端网络参数,计算出开路电压 U_{ab} 和等效电阻 R_0,并与实验结果相比较。

3. 根据表 3-1 中电压和电流的值,分别绘制有源二端网络和戴维宁等效电源的外特性曲线,观察曲线可得出什么结论?

3.7 实验注意事项

1. 换接线路时,必须关闭电源开关。
2. 直流仪表接入测量电路时,应注意极性与量程。

实验数据记录 3

学号：＿＿＿＿＿＿＿　　姓名：＿＿＿＿＿＿＿　　实验日期：＿＿＿＿＿＿＿

1. $I=$＿＿＿＿＿＿＿，$U=$＿＿＿＿＿＿＿，$I_S=$＿＿＿＿＿＿＿
2. $U_{ab}=$＿＿＿＿＿＿＿，$I_{SC}=$＿＿＿＿＿＿＿，$R_0=$＿＿＿＿＿＿＿

表 3－1　有源二端网络及戴维宁等效电路外特性实验数据

负载电阻 R_L/Ω		0	51	100	150	200	330	开路
有源二端网络	U_{ab}/V							
	I/mA							
戴维宁等效电源	U_{ab}/V							
	I/mA							

表 3－2　诺顿等效电源的外特性

R_L/Ω	0	51	100	150	200	330	开路
U/V							
I/mA							

实验 4 简单正弦电路的研究

4.1 实验目的

1. 研究 RC、RL 串联电路中电压、电流的基本关系。
2. 研究 RLC 串联电路中电压关系和阻抗特性。
3. 学习用实验方法测试 R、L、C 串联谐振电路的幅频特性曲线。
4. 加深理解电路发生谐振的条件、特点,掌握电路品质因数的物理意义及其测定方法。

4.2 预备知识

1. RC 串联电路

RC 交流电路如图 4-1 所示,则

总阻抗: $Z=R-\mathrm{j}X_C=R-\mathrm{j}\dfrac{1}{\omega C}$, $X_C=\dfrac{1}{\omega C}$

电压 u 与电流 i 相位差: $\varphi=\arctan\dfrac{-X_C}{R}$

电路呈现容性状态,总电压 u 滞后于电流 i。电容上的电压 u_C 相位滞后电流 i 相位 $90°$,电阻上的电压 u_R 与电流 i 相位相同。

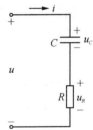

图 4-1 RC 串联电路

2. RL 串联电路

RL 交流电路如图 4-2 所示,则

总阻抗: $Z=R+\mathrm{j}X_L=R+\mathrm{j}\omega L$, $X_L=\omega L$

电压 u 与电流 i 相位差: $\varphi=\arctan\dfrac{X_L}{R}$

电路呈现感性状态,总电压 u 超前于电流 i。电感上的电压 u_L 相位超前流过电感的电流 i 相位 $90°$。电阻上的电压 u_R 与流过电阻的电流 i 相位相同。

图 4-2 RL 串联电路

3. RLC 串联电路

在如图 4-3 所示的 RLC 串联电路中,电路中的各个电压满足以下关系:

$$\dot{U}=\dot{U}_R+\dot{U}_L+\dot{U}_C$$

电路的总阻抗为

$$Z=R+\mathrm{j}\omega L-\mathrm{j}\frac{1}{\omega C}=R+\mathrm{j}\left(\omega L-\frac{1}{\omega C}\right)=R+\mathrm{j}X$$

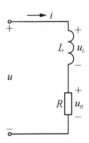

当 $X>0$,即 $\omega L>\dfrac{1}{\omega C}$ 时,电路呈现感性状态;当 $X<0$,即 $\omega L<\dfrac{1}{\omega C}$ 时,电路呈现容性状态;当 $X=0$,即 $\omega L=\dfrac{1}{\omega C}$ 时,电路呈现电阻性状态,此时电路发生串联谐振,谐振频率为

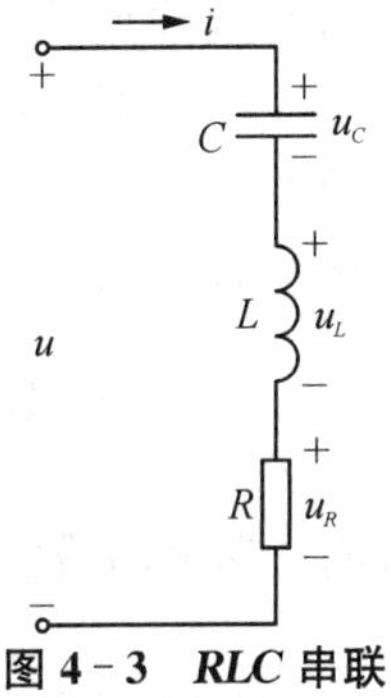

图 4-3 RLC 串联电路

$$f_0 = \frac{1}{2\pi\sqrt{LC}}$$

改变 L、C 或电源频率 f 都可以实现谐振。

当电路产生串联谐振时,具有以下特征:

(1) $\dot{U}$ 与 $\dot{I}$ 相位相同,即 $\varphi = 0$。

(2) 电路的阻抗最小,电路中的电流达到最大值,即:

$$Z_0 = R + j\left(\omega L - \frac{1}{\omega C}\right)_{\omega = \omega_0} = R$$

$$I = I_0 = \frac{U}{R}$$

(3) 谐振时的感抗或容抗称为特征阻抗,特征阻抗与电阻的比值称为电路的品质因数,用 Q 来表示。

谐振时电感线圈上的电压 U_L 等于电容上的电压 U_C,电路的品质因数 Q 为

$$Q = \frac{U_L}{U} = \frac{U_C}{U} = \frac{\omega_0 L}{R} = \frac{1}{\omega_0 CR} = \frac{\sqrt{L/C}}{R}$$

当 $Q \gg 1$ 时,U_L 和 U_C 将远大于端口电压 U,因此串联谐振又称为电压谐振。

RLC 串联电路中,电流与外加电压角频率 ω 之间的关系称为电流的幅频特性,即:

$$I(\omega) = \frac{U}{\sqrt{R^2 + \left(\omega L - \frac{1}{\omega C}\right)^2}}$$

为了便于比较,将上式中的电流及频率均以相对值 I/I_0 及 f/f_0 表示,则

$$\frac{I}{I_0} = \frac{1}{\sqrt{1 + Q^2\left(\frac{f}{f_0} - \frac{f_0}{f}\right)^2}}$$

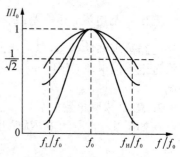

图 4-4 为 I/I_0 与 f/f_0 的关系曲线,又称通用串联谐振曲线。从图 4-4 中可以看出,谐振时电流 I_0 的大小与 Q 值无关,而在其他频率下,Q 值越大,电流越小,串联谐振曲线的形状越尖,说明选择性越好。曲线中,$I/I_0 = 1/\sqrt{2}$ 时,对应的频率 f_H(上限频率)和 f_L(下限频率)之间的宽度为通频带 BW,$BW = f_H - f_L$。Q 值越大,通频带越窄,电路的选择性越好。

图 4-4 串联谐振曲线

电路品质因数 Q 值通常有两种测量方法:一种是根据公式 $Q = \frac{U_L}{U} = \frac{U_C}{U}$ 测定,另一种是通过测量谐振曲线的通频带宽度 $BW = f_H - f_L$,再根据 $Q = \frac{f_0}{f_H - f_L}$ 求出 Q 值。

4.3 实验设备

(1) 函数信号发生器;(2) 交流毫伏表;(3) 双踪示波器;(4) 实验方板和器件。

函数信号发生器是一种通用信号源,可以提供频率和幅值可调的正弦波、锯齿波和方波。输出信号的电压幅值可以通过幅值调节旋钮和衰减开关调节,频率可以通过频率调节旋钮连续调节。信号发生器的输出端不允许短接。

交流毫伏表用于测量交流输入、输出信号的有效值。交流毫伏表只对交流电压响应,灵敏度比较高,可测量很小的交流电压。使用时,交流毫伏表应工作在其频率范围内,测量时一般将量程开关放到较大位置,再根据实测值逐挡减小量程,避免损坏仪器。

示波器是电子测量中的重要工具之一,它用于显示被测信号的波形、大小、周期和相位,可以观测波形的动态变化过程。

函数信号发生器、交流毫伏表和示波器的具体使用参见附录。

4.4 实验内容

4.4.1 必做实验

实验 4-1 仪器的连接和使用

按图 4-5 连接函数信号发生器、交流毫伏表和示波器。函数信号发生器输出频率 $f=1\text{ kHz}$ 的信号,调节幅值输出旋钮,用示波器和交流毫伏表观察和测量该信号的波形和大小。

注意:为防止外界干扰,各仪器的接地端应连接在一起(称"共地")。在后续实验中,仪器的接地端还应与实验电路的接地端连接在一起做"共地"连接。

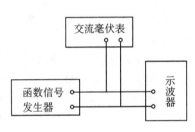

图 4-5 仪器连接图

实验 4-2 RC 串联电路中电压、电流的基市关系研究

按图 4-6 接线,调节函数信号发生器,使其输出 $f=1\text{ kHz}$,$U=1\text{ V}$ 的正弦信号,用双踪示波器观察并记录总电压 u 和总电流 i 的波形(记录时以电流为基准),记录波形和相位关系。

注意:

1. 由于示波器无法测量电流 i 的波形,而电阻 R 上的电压波形 u_R 与电流波形 i 的相位一致,因此实验时实际测量的是 u 和 u_R 的波形。

2. 在使用双踪示波器观察相位关系时,要将双通道的基准调节一致。

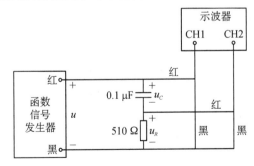

图 4-6 RC 实验电路

实验 4-3 RL 串联电路中电压、电流的基市关系研究

将图 4-6 中的电容 C 换成 $L=100\text{ mH}$ 的电感线圈,重复实验 4-2 的内容,记录波形和相位关系。

实验 4-4 RLC 串联电路电压与阻抗特性的研究

1. 按图 4-7 连线。调节函数信号发生器,使其输出 $f=$ 1 kHz, $U=1$ V 的正弦交流电,用交流毫伏表分别测量 U_C、U_R 和 U_L,并将数据记录在表 4-1 中。

2. 信号源输出电压 $f=1$ kHz, $U=1$ V,电容、电感数值按表 4-2 的数值变化,用交流毫伏表分别测量 U_C、U_R 和 U_L,并通过计算得到各频率点时的 X_C、X_L 与 I 之值,记入表 4-2 中。

3. 信号源输入电压 $U=1$ V, $C=0.1$ μF, $L=100$ mH,频率按表 4-3 的数值变化,用交流毫伏表分别测量 U_C、U_R 和 U_L,并通过计算得到各频率点时的 X_C、X_L 与 I 之值,记入表4-3 中。

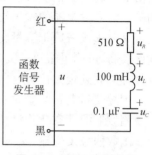

图 4-7 **RLC 串联电路**

4.4.2 开放实验

实验 4-5 RLC 串联谐振的研究

1. 按图 4-8 电路接线,调节信号源输出电压为 1 V 正弦信号,并在整个实验过程中保持不变。

2. 找出电路的谐振频率 f_0,其方法是:将交流毫伏表跨接在电阻 R 两端,在维持信号源的输出幅度不变条件下,令信号源的频率由小逐渐变大。当 U_R 的读数为最大时,从函数信号发生器频率显示窗口读得频率值即为电路的谐振频率 f_0,测量 U_R、U_L、U_C,记入表 4-4 中。

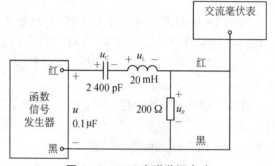

图 4-8 **RLC 串联谐振电路**

注意:测量 U_C 与 U_L 时,毫伏表的"+"端应接在 C 与 L 之间,同时注意及时更换毫伏表的量程。

3. 在谐振点 f_0 两侧(f_0-3 kHz, f_0+3 kHz)各取六个频率点,逐点测出不同频率下 U_R 值,记入表 4-5 中。先取 $R=0.3$ kΩ,后取 $R=1$ kΩ,重复步骤 2、3 的测量过程。

注意:选取测试频率点时,应在谐振频率附近多取几点。在变换频率测试时,应注意保持信号输出幅度维持在 1 V 不变。

4.5 预习思考题

1. 阅读各项实验内容,理解有关实验原理,明确实验目的。

2. 阅读附录,学习函数信号发生器、交流毫伏表和示波器的使用方法。

3. 在 RC 串联电路中,电压与电流的相位关系如何? 在 RL 串联电路中,电压与电流的相位关系如何?

4. 容抗和感抗与哪些物理量有关?

5. 如何判别 RLC 串联电路是否发生谐振?

6. 根据图 4-8 所给出的参数,估算电路发生谐振时的频率。

4.6　分析与讨论

1. 在 RC 串联电路中,总电压超前总电流还是滞后总电流,用相量图给出分析过程。

2. 在 RLC 串联电路中,为何 $U \neq U_R + U_L + U_C$?

3. 电路发生串联谐振时,为什么输入电压不能太大?

4. 串联谐振时,比较输出电压 U_o 与输入电压 U_i 是否相等,试分析原因。

5. 串联谐振时,对应的 U_C 与 U_L 是否相等? 如有差异,原因何在?

6. 通过本次实验,总结、归纳串联谐振电路的特性。

4.7　实验注意事项

1. 仪器连接中,为防止外界干扰,各仪器的接地端应与实验电路的接地端连接在一起,做"共地"连接。

2. 在串联谐振实验中,测量 U_C 与 U_L 时,毫伏表的"+"端应接在 C 与 L 之间,同时注意及时更换毫伏表的量程。

3. 在串联谐振实验中,测试频率点的选择应在谐振频率附近多取几个点,在变换频率测试时,应注意调整信号输出幅度,使其维持在 1 V 输出不变。

实验数据记录 4

学号：＿＿＿＿＿＿＿＿＿＿＿ 姓名：＿＿＿＿＿＿＿＿＿＿＿ 实验日期：＿＿＿＿＿＿＿＿＿＿

1. RC 实验中，u 和 i 的相位关系为＿＿＿＿＿＿＿（超前/滞后）。

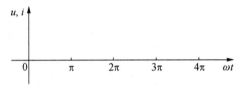

RC 电路波形

2. RL 实验中，u 和 i 的相位关系为＿＿＿＿＿＿＿（超前/滞后）。

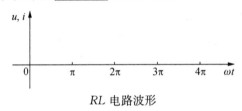

RL 电路波形

表 4 - 1 RLC 电路实验数据

U/V	U_R/V	U_L/V	U_C/V
1			

表 4 - 2 元件参数变化时 RLC 电路实验数据

测 量 值					计 算 值		
$C/\mu F$	L/mH	U_R/mV	U_L/mV	U_C/mV	I/A	X_L/Ω	X_C/Ω
0.1	20						
10	100						

表 4 - 3 不同频率时 RLC 电路实验数据

测 量 值				计 算 值		
f/Hz	U_R/mV	U_L/mV	U_C/mV	I/A	X_L/Ω	X_C/Ω
200						
500						

表 4-4 *RLC* 串联谐振电路实验数据

$R/\text{k}\Omega$	f_0/kHz	U_R/mV	U_L/mV	U_C/mV	I_0/mA	Q
0.30						
1						

表 4-5 *RLC* 串联谐振曲线测试实验数据

		f_0									
1	f/kHz										
	U_R/V										
	I/mA										
2	f/kHz										
	U_R/V										
	I/mA										

注：① $R = 0.30 \text{ k}\Omega$；② $R = 1 \text{ k}\Omega$

扫码预习

实验 5　　*RC* 一阶电路

5.1　实验目的

1. 加深理解 *RC* 电路过渡过程的规律及电路参数对过渡过程的影响。
2. 学会测定 *RC* 电路的时间常数的方法。
3. 观测 *RC* 充放电电路中电流和电容电压的波形图。

5.2　预备知识

电路中除了"稳态",还存在过渡过程,过渡过程又称为暂态过程。研究暂态过程可以采用实验分析法,利用示波器观察暂态过程中电压和电流(响应)随时间变化的规律,并研究电路的时间常数对暂态过程快慢的影响。

1. *RC* 电路的充电过程

在图 5-1 电路中,设电容器上的初始电压为零,当开关 S 向"2"闭合,u_C 和 i 的数学表达式如下:

$$u_C(t) = U_S(1 - e^{-\frac{t}{RC}})$$

$$i = \frac{U_S}{R} \cdot e^{-\frac{t}{RC}}$$

电容充电曲线如图 5-2 所示。理论上,电容器充电需要无限长的时间才能完成,工程上当 $t = 5RC$ 时,u_C 达到 $99.3\% U_S$,充电过程近似结束。

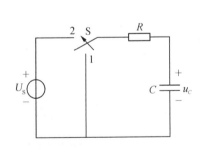

图 5-1　*RC* 一阶电路

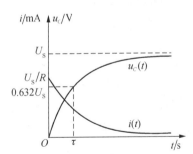

图 5-2　*RC* 充电时电压和电流的变化曲线

2. *RC* 电路的放电过程

在图 5-1 电路中,若电容 C 已充有电压 U_S,将开关 S 向"1"闭合,电流 i 和电压 u_C 的数学表达式为:

$$u_C(t) = U_S e^{-\frac{t}{RC}}$$

$$i = -\frac{U_S}{R} \cdot e^{-\frac{t}{RC}}$$

式中，U_S 为电容器的初始电压。这一暂态过程为电容放电过程，放电曲线如图 5－3 所示。

3. RC 电路的时间常数

RC 电路的时间常数用 τ 表示：$\tau = RC$。τ 的大小决定了电路充放电时间的快慢。对充电而言，时间常数 τ 是电容电压 u_C 从零增长到 $63.2\%U_S$ 所需的时间；对放电而言，τ 是电容电压 u_C 从 U_S 下降到 $36.8\%U_S$ 所需的时间，如图 5－2、图 5－3 所示。

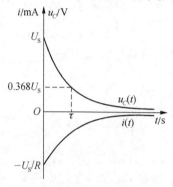

图 5－3 **RC 放电时电压和电流的变化曲线**

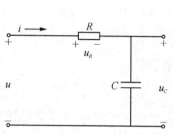

图 5－4 **RC 充放电电路**

4. RC 充放电电路中电流和电容电压的波形图

在图 5－4 中，将周期性方波电压加于 RC 电路，当方波电压的幅度上升为 U_m 时，相当于一个直流电压源 U 对电容 C 充电，当方波电压下降为零时，相当于电容 C 通过电阻 R 放电，图 5－5(a)和(b)给出方波电压与电容电压的波形图，图 5－5(c)给出电流 i 的波形图，它与电阻电压 u_R 的波形相似。

5. 微分电路和积分电路

在图 5－4 的 RC 充放电电路中，当电源方波电压的周期 $T \gg \tau$ 时，电容器充放电速度很快，若 $u_C \gg u_R$，$u_C \approx u$，在电阻两端的电压 $u_R = R \cdot i \approx RC\dfrac{\mathrm{d}u_C}{\mathrm{d}t} \approx RC\dfrac{\mathrm{d}u}{\mathrm{d}t}$，电阻两端的输出电压 u_R 与输入电压 u 的微分近似成正比，此时电路即称为微分电路，u_R 波形如图 5－5(d)所示。

当电源方波电压的周期 $T \ll \tau$ 时，电容器充放电速度很慢，又若 $u_C \ll u_R$，$u_R \approx u$，在电阻两端的电压 $u_C = \dfrac{1}{C}\displaystyle\int i\,\mathrm{d}t = \dfrac{1}{C}\displaystyle\int \dfrac{u_R}{R}\,\mathrm{d}t \approx \dfrac{1}{RC}\displaystyle\int u\,\mathrm{d}t$，电容两端的输出电压 u_C 与输入电压 u 的积分近似成正比，此时电路称为积分电路，u_C 波形如图 5－5(e)所示。

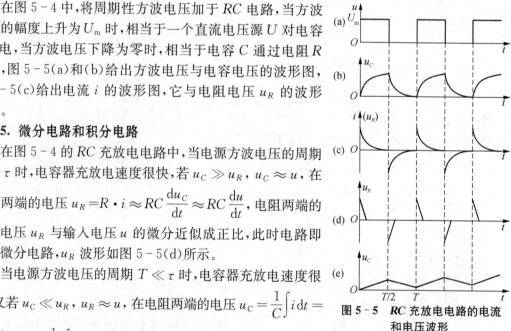

图 5－5 **RC 充放电电路的电流和电压波形**

5.3 实验设备

(1) 函数信号发生器；(2) 双踪示波器；(3) 动态电路实验板。

注意：实验中，信号源的接地端与示波器的接地端要连在一起（称"共地"），以防外界干扰而影响测量的准确性。

5.4 实验内容

实验 5-1 RC 积分电路

1. 按图 5-6 连接电路,调节信号发生器,使其输出 $U_m=3\,\text{V}$,$f=1\,\text{kHz}$ 的方波激励信号,用示波器观察激励与响应(u_C)的变化规律,测算出时间常数 τ,并描绘波形。

2. 改变电容值,使 $C=0.01\,\mu\text{F}$、$0.1\,\mu\text{F}$,用示波器定性地观察 u_C 的变化,算出时间常数 τ 并描绘波形,记录入表 5-1 中。

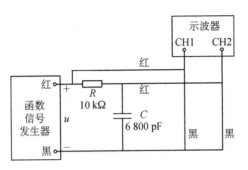

图 5-6 RC 积分电路

实验 5-2 RC 微分电路

1. 令 $C=0.01\,\mu\text{F}$,$R=100\,\Omega$,组成如图 5-7 所示的微分电路。在同样的方波激励信号 ($U_m=3\,\text{V}$,$f=1\,\text{kHz}$) 作用下,观测激励与响应(u_R)的波形,算出时间常数 τ,并描绘波形。

2. 改变 R 的值,用示波器定性地观察 u_R 的变化,算出时间常数 τ 并描绘波形,记录入表 5-2 中。当 R 增至 $1\,\text{M}\Omega$ 时,注意观察输入波形和输出波形的区别。

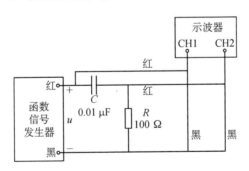

图 5-7 RC 微分电路

5.5 预习思考题

1. 阅读各项实验内容,理解有关实验原理,明确实验目的。

2. 什么样的电信号可作为 RC 一阶电路零输入响应、零状态响应和完全响应的激励信号?

3. 已知 RC 一阶电路 $R=10\,\text{k}\Omega$,$C=0.1\,\mu\text{F}$,试计算时间常数 τ,并根据 τ 值的物理意义,拟定测量 τ 的方案。

4. 何谓积分电路和微分电路,在方波序列脉冲的激励下,它们输出信号波形的变化规律如何?

5.6 分析与讨论

1. 总结示波器测定时间常数 τ 的方法。
2. 根据实验观察结果,归纳、总结微分电路和积分电路的特点。

5.7 实验注意事项

实验中,信号源、示波器和实验电路的接地端要连在一起,以防外界干扰而影响测量的准确性。

实验数据记录 5

学号：_____　　姓名：_____　　实验日期：_____

表 5－1　**RC 积分电路实验结果**

C	6 800 pF	0.01 μF	0.1 μF
τ/s			
输出波形 u_C			

表 5－2　**RC 微分电路实验结果**

R	100 Ω	1 kΩ	1 MΩ
τ/s			
输出波形 u_R			

实验6 并联交流电路

扫码预习

6.1 实验目的

1. 了解日光灯的工作原理,学习装接日光灯电路。
2. 以日光灯为例,研究并联电容器对提高功率因数的作用。
3. 明确交流电路中各电量之间的关系。

6.2 预备知识

1. 日光灯的构造及工作原理

通常情况下,光灯电路由灯管、辉光启辉器和镇流器组成。

日光灯管是一根普通的真空玻璃管。灯管的两端各有一根灯丝,管的内壁涂有一层薄而均匀的荧光粉,管内充有惰性气体和少量水银。当灯丝通电后受热发射电子,这时如果灯管两端施加足够的电压,管内的惰性气体就电离放电,致使灯管温度升高,管内的水银汽化电离,发射出的紫外线被管壁上的荧光粉吸收从而转变为可见光。

辉光启辉器的结构如图 6-1 所示。其内部有一个充满惰性气体的玻璃泡。玻璃泡内有一对触片,其中一个是固定的静触片,另一个是用双金属片制成 U 形动触片。当在启辉器两端施加适当电压,玻璃泡内的惰性气体电离,在两触片的间隙中产生辉光放电。动触片受热膨胀与静触片相碰。相碰后,由于触片间的间隙消失,辉光启辉器不再起辉,放电停止,动触片复位,动静触片断开。使用中,通常还需在启辉器玻璃泡的两根引出线上并联电容,以减小触头动作时产生的火花。

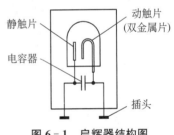

图 6-1 启辉器结构图

镇流器实际上是一个绕在铁芯上的线圈(其感抗为 X_L),它串联在日光灯电路中用以限制并稳定灯管的电流,故称镇流器。此外镇流器还有一个很重要的作用,就是当启辉器动静触片突然断开时,在镇流器两端感应出一个足以击穿灯管中气体的高压。

日光灯点亮过程如下:当电源接通后,外施电压通过镇流器和灯管两端的灯丝,加到启辉器上,引起启辉器辉光放电,使其动静两个触片相碰而构成通路,如图 6-2(a)所示。电流经过这个通路使灯管中灯丝发热而发射电子。之后启辉器的动静触片相碰后辉光停止,热源消失,动触片很快恢复到原来的断路状态,电路的电流突然中断。在这一瞬间,镇流器两端感应出足以击穿灯管气体的高电压,使日光灯灯管内气体电离放电,灯管就点亮了,此时电流通路如图 6-2(b)所示,灯管点亮后,灯管两端的电压降低至约 50~110 V 范围内,这样低的电压不致使辉光启辉器再起辉。

2. 日光灯电路的电路模型

日光灯电路中镇流器可以看成电阻 R_1 与电感 L 串联,日光灯管可以看成电阻 R,整个日光灯电路可以看成电阻与电感串联的电路,如图 6-3 虚线右部所示。如果以电流 i_L 为参考相

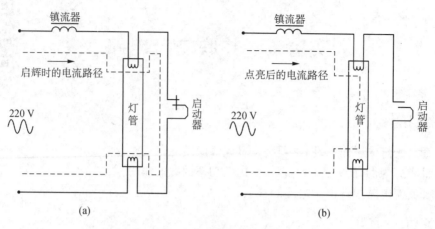

图 6-2 日光灯启辉过程

量,则电路中电压、电流的相位关系如图 6-4 所示。可以看出电压超前电流,电路呈感性。

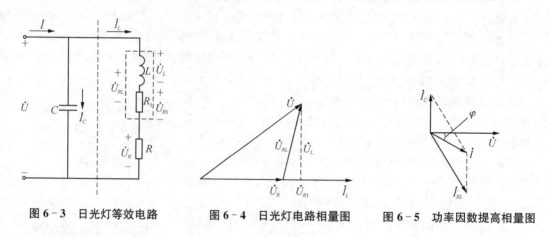

图 6-3 日光灯等效电路　　　图 6-4 日光灯电路相量图　　　图 6-5 功率因数提高相量图

3. 功率因数的提高

在工程中,许多电气设备都包含线圈,如电动机、日光灯的镇流器等,属于感性负载。当电路工作时,感性负载和电源之间会进行能量互换,在电路中形成无功功率,造成功率因数低下。当负载功率因数低时,一方面电源利用率不高,另一方面供电线路损耗加大。因此,我国电力部门规定,当负载(或单位供电)的功率因数低于 0.85 时,必须对其进行改善和提高。提高功率因数的常用的方法是在负载两端并联电容,使感性负载与电容之间进行能量互换,用以补偿无功功率,提高电路的功率因数。

日光灯电路的功率因数一般为 0.3~0.4,在应用中,通常采用在日光灯电路两端并联电容以提高功率因数,如图 6-3 虚线左部所示。并联电容后,电压和电流的相位关系如图 6-5 所示。在负载电压一定的情况下,电容越大,流过电容支路的电流就越大,φ 角减小,功率因数提高。但是,当 φ 角过零后,如果电容继续增大,φ 会随着电流 $\dot{I}_C$ 的增大而增大,功率因数反而下降,此时称为过补偿。在工程应用中,应该注意避免过补偿。

6.3 仪器设备

1. 实验所使用的仪器设备

实验所使用的仪器设备为组件式、模块化结构。如图 6 - 6(a)～(f)所示。其中日光灯灯板 1 含开关、启辉器和一个灯座,日光灯灯板 2 含镇流器、电容箱和一个灯座。

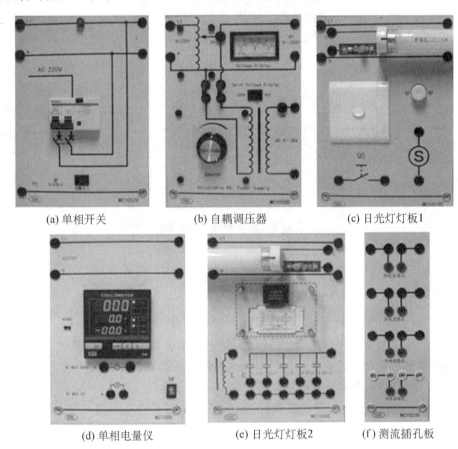

(a) 单相开关　　　　　(b) 自耦调压器　　　　　(c) 日光灯灯板1

(d) 单相电量仪　　　　(e) 日光灯灯板2　　　　(f) 测流插孔板

图 6 - 6　日光灯电路实验组件

单相电量仪是一个组合式测量仪表,可测量交流电压、电流、工频、功率因素、无功功率、视在功率、有功功率、相位角等参数。电压测量范围为 0～500 V,电流测量范围为 0～2 A。在图 6 - 6(d)中,标示"V"的插孔用于测量电压,标示"A"的插孔用于测量电流。测量功率因数、功率和相位时,电压插孔要并联接入被测电路两端,电流插孔要串联接入被测线路中。

电量仪有三排显示,最上排默认显示工频(Hz 灯亮)的值,轻按仪表上的"SET"功能转换键,可轮回显示工频(Hz 灯亮)、功率因素(PF 灯亮)、无功功率(VAR 灯亮)、视在功率(VA 灯亮)、有功功率(W/kW 灯亮)、相位角(φ 灯亮)等参数,默认显示为工频(Hz 灯亮);第二、第三排分别显示电压、电流测量值。

2. 测流插孔板的使用

为了方便测量多条支路的电流,实验中采用测流插孔板。当需要测量多条支路的电流时,先在各支路中分别串联接入一组测电流插孔,测量时,再逐一接入电流表进行测量。测量电流时使用专用的测量线,如图 6 - 7(a)所示,测流插孔板使用方法如图 6 - 7(b)所示。

（a）专用电流测量线

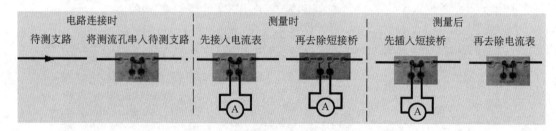

（b）测流插孔板使用方法

图6-7　测流插孔板的使用

6.4　实验内容

本实验可在虚拟仿真平台完成，也可搭接线路完成。

实验6-1　装接日光灯电路并测量各部分电量

通过该实验学会装接日光灯电路，并通过测量电路中各部分电量，理解交流电路中各部分电压之间的矢量和关系，电压、电流相位关系及电路的功率因数。

1. 装接日光灯电路，观察日光灯的启辉过程

（1）按图6-8实线所示的方法搭接日光灯线路（此时电容箱不接），将测流插孔串入I、I_{RL}待测支路。

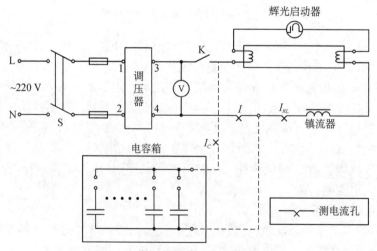

图6-8　日光灯和电容箱的并联电路

（2）调节自耦调压器，使输出电压 $U=220$ V。

注意：自耦调压器使用时，输入端和输出端不能接反，火线和零线不能接反，调节电压时应从零开始。

（3）合上开关 K，观察日光灯的启动过程。此后，自耦调压器的输出电压值应保持 220 V 不变。

2. 测量电路中各部分电量

测量电源电压 U、日光灯管两端的电压 U_R、镇流器两端的电压 U_{RL}、电流 I、电路有功功率 P、功率因数 $\cos\varphi$ 以及电压电流的相位差 φ，数据记录于表 6-1 中。

实验 6-2　研究并联电容器对提高功率因数的作用

在日光灯电路两端并联电容箱，如图 6-8 虚线所示。按表 6-2 调节电容量，取 9 个实验点，测量端电压 U 及电流 I，I_C，I_{RL}。测量电流 I 时，同时测量电路的功率因数 $\cos\varphi$ 以及总电压和总电流的相位差 φ，记录于表 6-2 中，并注意与表 6-1 中的数据进行比较。

6.5　预习思考题

1. 阅读各项实验内容，理解实验原理，明确实验目的。

2. 弄清日光灯的工作原理，了解启辉器、镇流器在日光灯电路中的作用。

3. 思考如何用万用表判别灯管、启辉器和镇流器的好坏。

4. 掌握日光灯电路的电路模型，根据图 6-3，从理论上分析该电路中各部分电压之间的关系，电压和电流的相位关系。

5. 在日光灯电路并联电容后，根据图 6-3，从理论上分析，随着电容的增大，电路中各电流的变化趋势，以及电压和电流相位关系的变化。

6. 了解功率因数低下的危害，从理论上分析为什么在日光灯电路的两端并联电容能够提高功率因数。

6.6　分析与总结

1. 根据各实验数据，分别在方格纸上绘制出光滑的 I_C、I_{RL} 和 I 曲线，根据曲线分析 I_C、I_{RL} 和 I 三条曲线各自的特点。

2. 根据表 6-1 中的数据，分析电源电压、灯管两端电压、镇流器两端电压三者之间的关系。

3. 在做功率因数提高实验时，随着电容器容量的不断增加，电路总电流的变化规律为由大变小再变大，试分析原因。

4. 如果把电容器与 $R-L$ 电路串联起来能否改善负载功率因数？实际中能否采用这种方法来改善负载功率因数，为什么？

5. 实验中，功率因数的提高可以从哪些电量的变化中体现出来？

6.7　实验注意事项

1. 本实验为强电实验，须严格按《实验注意事项》操作。

2. 灯管一定要与镇流器串联后接到电源上，切勿将灯管直接接到 220 V 电源上。

3. 单相电量仪用作电流表时，千万不能用来测电压，否则会损坏仪表。

实验数据记录 6

学号：＿＿＿＿＿＿＿＿　　姓名：＿＿＿＿＿＿＿＿　　实验日期：＿＿＿＿＿＿＿＿

表 6－1　日光灯电路中的各部分电量

U/V	U_R/V	U_{RL}/V	I/mA	P/W	$\cos \varphi$	$\varphi/(°)$

表 6－2　并联电容对电路中各电流的影响

$C/\mu\text{F}$	1	2	3	3.47	3.7	3.92	4.7	5.7	6.7
I_{RL}/mA									
I_C/mA									
I/mA									
P/W									
$\cos \varphi$									

注:1. 为了使实验数据不受电源电压变动的影响,每次取数据时,要使 U 始终保持 220 V。

　2. 测量电流 I 时,同时测量电路的有功功率 P 和功率因数 $\cos \varphi$。

实验 7　三相交流电路

扫码预习

7.1　实验目的

1. 掌握三相四线制电源和三相负载的联结方法。
2. 掌握相电压和线电压，相电流和线电流之间的关系。
3. 掌握三相四线制供电系统中中线的作用。
4. 了解三相电路功率的单瓦计及两瓦计的测量方法。

7.2　预备知识

目前，民用电和工业用电中多采用三相四线制供电系统。三相四线制供电系统可以分三路向用户提供工频 50 Hz、大小相等、相位互差 120°的正弦交流电。接入电力系统的负载的联结方式有两种，根据需要可接成星形（又称"Y 形"）或三角形（又称"△形"）。

1. 三相对称电源联结成三相四线制供电线路时，其线电压 U_L 和相电压 U_P 都是对称的，线电压超前相应的相电压 30°，线电压与相电压的大小关系是

$$U_L = \sqrt{3} U_P$$

2. 三相对称负载作 Y 形联结时，线电压 U_L 是相电压 U_P 的 $\sqrt{3}$ 倍，线电流 I_L 等于相电流 I_P，即

$$U_L = \sqrt{3} U_P, \ I_L = I_P$$

在这种情况下，流过中线的电流 $I_N = 0$，可以省去中线。

三相不对称负载作 Y 形联结时，倘若中线断开，会导致三相负载两端的电压不对称，致使有的相电压过高，负载遭受损坏；有的相电压过低，负载不能正常工作。在这种情况下，必须采用三相四线制接法，而且中线必须牢固连接，以保证三相不对称负载的每相相电压维持对称不变。

3. 三相对称负载作△形联结时，线电流 I_L 是相电流 I_P 的 $\sqrt{3}$ 倍，线电压 U_L 等于相电压 U_P，即

$$I_L = \sqrt{3} I_P, \ U_L = U_P$$

当三相不对称负载作△形联结时，$I_L \neq \sqrt{3} I_P$，$U_L = U_P$，三相负载上的相电压仍是对称的，对各相负载工作没有影响。

4. 三相电路的功率

在三相负载中，不论采用 Y 形还是采用△形联结，总的有功功率等于各相有功功率之和，即

$$P = P_1 + P_2 + P_3 = U_{P1} I_{P1} \cos \varphi_1 + U_{P2} I_{P2} \cos \varphi_2 + U_{P3} I_{P3} \cos \varphi_3$$

若三相负载对称，三相有功功率计算式可简化为

$$P = 3 U_P I_P \cos \varphi$$

式中,U_P、I_P 为相电压和相电流,$\cos\varphi$ 为每相的功率因数。

如果以线电流和线电压表示三相有功功率,则对三相对称负载,不论采用 Y 形还是采用 △形联结,三相有功功率为

$$P = \sqrt{3}U_L I_L \cos\varphi$$

式中,U_L、I_L 为线电压、线电流。

同理,三相对称负载的无功功率和视在功率分别为

$$Q = \sqrt{3}U_L I_L \sin\varphi$$

$$S = \sqrt{3}U_L I_L$$

7.3 仪器设备

实验所使用的仪器设备为组件式、模块化结构,如图 7-1 所示。其中,测流插孔板为两块。

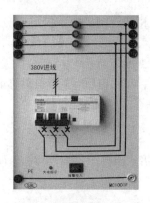

(a) 三相开关

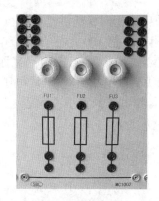

(b) 三相熔断器

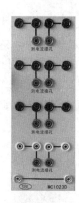

(c) 测流插孔

(d) 灯板

(e) 单相电量仪

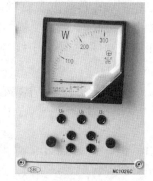

(f) 三相功率表

图 7-1 三相电路实验组件

注意:通常三相四线制供电系统提供的三相线电压为 380 V,相电压为 220 V。为了实验安全,本实验中三相线电压为 220 V,相电压为 127 V。

7.4 实验内容

7.4.1 必做实验

实验 7-1 负载的星形联结

1. 星形接法平衡负载

将三只额定功率为 15 W、额定电压为 220 V 的白炽灯泡按图 7-2 中实线接成星形三相平衡负载,然后按有中线和无中线两种情况进行实验。

(1) 有中线。接入中线,线路接好后合上三相电源闸刀,测量各电压和电流,记录在表 7-1 中。

(2) 无中线。断开中线,观察灯泡的亮度有无变化,再次测量各电压和电流,记录在表 7-1 中。

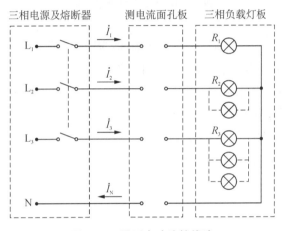

图 7-2 星形电路连接线路

注意:测量电流时,单相电量仪必须采用专用的电流测量线[图 6-7(a)]。

2. 星形接法不平衡负载

如图 7-2 虚线所示,L_1 相灯泡仍为 15 W,将 L_2 相改为两只 15 W 并联,L_3 相改为三只 15 W 灯泡并联。仍按有中线和无中线两种情况测量各电压和电流,记录在表 7-2 中。

实验 7-2 负载的三角形联结

1. 三角形接法平衡负载

按图 7-3 实线部分接线。R_{12}、R_{23} 和 R_{31} 都为 15 W 灯泡,组成△形接法的平衡负载,测量各相电流和线电流,记录在表 7-3 中。

2. 三角形接法不平衡负载

R_{12} 不变,将 R_{23} 和 R_{31} 分别改为 30 W(两只 15 W 灯泡并联)和 45 W 灯泡(三只 15 W 灯泡并联),如图 7-3 中虚线所示(注意相序不要弄错),再次测量各电流值,记录在表 7-3 中。

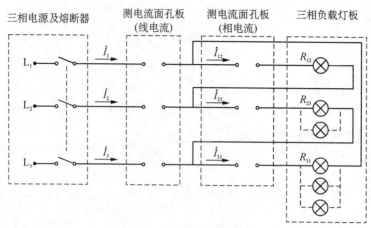

图 7 - 3 △形电路连接线路

7.4.2 开放实验

实验 7 - 3 三相电路的功率测量

三相电路功率测量可采用单瓦计法、两瓦计法和三瓦计法。

单瓦计法:对于三相对称电路,只要用一个单相功率表测量出一相电路的功率,然后将其读数乘以 3 就是三相电路的总功率,其原理图如图 7 - 4 所示。

两瓦计法:以三相电路中任一线为基准,用一个单相功率表分别测另两线与基准线之间的功率后叠加起来,即为三相电路的总功率,$\sum P = P_1 + P_2$(P_1、P_2 本身不含任何意义)。其原理图如图 7 - 5 所示。

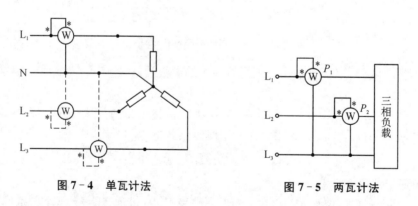

图 7 - 4 单瓦计法   图 7 - 5 两瓦计法

三瓦计法:用功率表分别测量每相负载的功率,然后叠加起来,即为三相电路的总功率。若负载为感性或容性,且当相位差 $\varphi > 60°$ 时,线路中的一只功率表指针将反偏(数字式功率表将出现负读数),这时应将功率表电流线圈的两个端子调换(不能调换电压线圈端子),其读数应记为负值。实验电路如图 7 - 2 所示。

(1)对于有中线三相对称负载,使用单相电量仪(单瓦计法)测电路的三相总功率。电量仪上的电压端连线并联在任一相线和中线之间,电流端连线串联在该相中。测量数据记于表 7 - 4 中。

（2）对于无中线对称/不对称三相负载,使用三相功率表测量三相负载功率,接法如图 7 - 6 所示,此时相当于两瓦计法。三相功率表上的"U_A""U_B""U_C"连接三相电源上的"L_1""L_2""L_3"。"I_A"插孔串入一组电流回路;"I_C"插孔串入另一组电流回路。测量数据记录在表 7 - 4 中。

注意:该方法对于有中线的情况,功率表的读数没有任何意义。

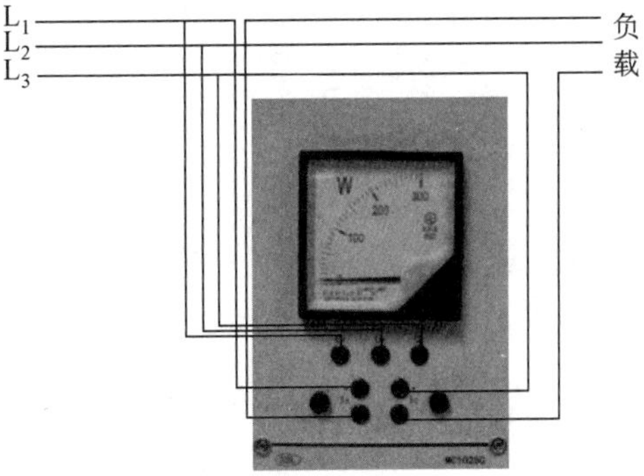

图 7 - 6　用三相功率表测量功率的接线示意图

7.5　预习思考题

1. 阅读各项实验内容,理解有关实验原理,明确实验目的。

2. 在 Y 形接法中,U_{12}、U_1、I_1、I_N 分别代表什么量?

3. 在△形接法中,U_{12}、I_1、I_{12} 分别代表什么量?

7.6　分析与总结

1. 为什么照明电路中必须有中线?

2. 总结 Y 形接法和△形接法中线电压、相电压及线电流、相电流之间的关系。

3. 负载作 Y 形连接时,须满足什么条件,负载的相电压等于 $1/\sqrt{3}$ 线电压的关系式才能成立。

7.7　实验注意事项

1. 本实验为强电实验,须严格按《实验注意事项》操作。

2. 不能把测流插孔面板上的电流插孔与电源、电灯并联,否则会引起短路。

3. 功率表的电流线圈和电压线圈皆为多量程,需注意被测电流和电压都不得超过功率表的相应量程。

实验数据记录 7

学号：_____　　姓名：_____　　实验日期：_____

表 7-1　Y 形接法平衡负载下电压与电流

接线情况	电压/V						电流/mA			
	U_{12}	U_{23}	U_{31}	U_1	U_2	U_3	I_1	I_2	I_3	I_N
有中线										
无中线										

表 7-2　Y 形接法不平衡负载电压与电流

接线情况	电压/V						电流/mA			
	U_{12}	U_{23}	U_{31}	U_1	U_2	U_3	I_1	I_2	I_3	I_N
有中线										
无中线										

注：U_{12}、U_{23}、U_{31} 是相线之间的线电压，U_1、U_2、U_3 是负载两端的相电压。

表 7-3　△形接法电流

负载情况	I_1/mA	I_2/mA	I_3/mA	I_{12}/mA	I_{23}/mA	I_{31}/mA
平衡负载						
不平衡负载						

表 7-4　三相负载功率的测量

负载情况	单瓦计法			计算值	两瓦计法	计算值
	P_{12}/W	P_{23}/W	P_{31}/W	$\sum P$/W	P/W	$\sum P$/W
Y 形平衡负载						
Y 形不平衡负载						

实验 8 异步电动机的继电-接触器控制

扫码预习

8.1 实验目的

1. 学习三相笼式异步电动机的接法,观察异步电动机的启动和运行情况。
2. 掌握按钮、交流接触器、热继电器等常见低压控制电器的基本功能。
3. 学习装接异步电动机的继电-接触器控制电路。
4. 了解设计继电-接触器控制线路的基本规则,并能设计简单的线路。

8.2 预备知识

1. 三相笼式异步电动机

三相笼式异步电动机是工业中使用最为广泛的动力设备,它用于将电能转换为机械能。三相异步电动机作为负载,其三相定子绕组可以接成三角形联结,也可以接成星形联结。生产厂家通常将三相定子绕组的 6 个端子引到电动机外部的接线盒上,如图 8-1(a)所示。

一台三相交流异步电动机的接法取决于电动机的额定电压和供电电源,如果电动机铭牌上标明额定电压 380 V,电网线电压 380 V 时,采用三角形联结;如果电动机铭牌标明额定电压 220 V/380 V,当电网线电压 220 VV 时,采用三角形联结;当电网电压 380 V 时,采用星形联结。星形和三角形联结的示意图如图 8-1(b)(c)所示。

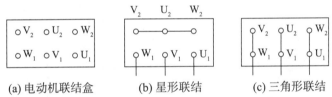

(a) 电动机联结盒　　　(b) 星形联结　　　(c) 三角形联结

图 8-1 三相异步电动机接线盒及接线示意图

2. 常用低压控制电器

(1)按钮。按钮用以接通或断开电流较小的电路。通常分为动合按钮、动断按钮和组合按钮。动合按钮是指按钮未受到压力时,其触点是断开的,而当对按钮施加压力时,其触点闭合;动断按钮的动作过程则相反。组合按钮在按压过程中,动断触点先断开,然后动合触点再接通。

(2)交流接触器。交流接触器由一个铁芯线圈吸引衔铁动作,一般它有三个主触点和若干个辅助触点。主触点接在主电路中,对电动机起接通或断开电源的作用。线圈和辅助触点接在控制电路中,可按自锁或连锁的要求来连接,亦可起接通或断开控制电路某分支的作用。接触器还可起失压保护作用,选用接触器时应注意它的额定电流、线圈电压及触点数量。

(3)热继电器。热继电器主要由发热元件和动断触点组成。发热元件接在主电路中,动断触点接在控制电路中。当电动机长期过电流运行时,主电路中的发热元件发热使接在控制电路中的动断触点断开,起到过载保护作用。选用热继电器时,应使其整定电流与电动机的额定电流基本一致。

3. 三相笼式异步电动机的继电-接触器控制

在工业生产过程中,常常需要对三相笼式异步电动机进行自动控制,如启动、停车、正反转和调速等,这就需要设计专门的控制电路。由按钮、交流接触器、热继电器等控制电器组成的异步电动机控制系统称为异步电动机继电-接触器控制系统。继电-接触器控制线路通常分为主电路和控制电路。主电路一般包括闸刀开关、熔断器、接触器的主接触点、热继电器的发热元件和电动机,主电路使用的电源线一般较粗;控制电路一般包括按钮、接触器、热继电器等控制器件,控制电路使用的导线一般比较细。现在实际线路中多采用空气开关取代闸刀开关和熔断器。一般的继电-接触器控制电路都有短路、过载和失压保护功能。

8.3　仪器设备

实验所使用的仪器设备为组件式、模块化结构。如图 8-2(a)～(f)所示。其中按钮板和交流接触器板为两块。

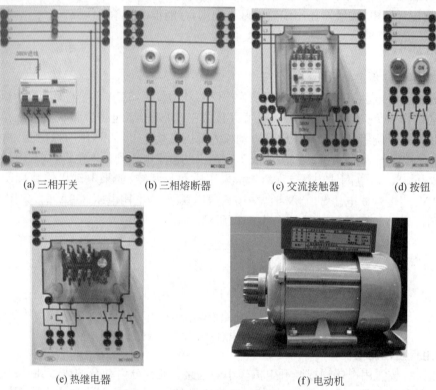

(a) 三相开关　　　(b) 三相熔断器　　　(c) 交流接触器　　　(d) 按钮

(e) 热继电器　　　　　　　(f) 电动机

图 8-2　三相异步电动机电路实验组件

8.4　实验内容

本实验可在虚拟仿真平台完成,也可搭接线路完成。

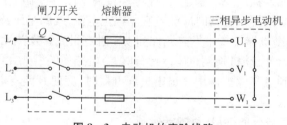

图 8-3　电动机的实验线路

8.4.1　必做实验

实验 8-1　三相异步电动机的连接、启动和运行

1. 观察和熟悉异步电动机和各个电器的铭牌、型号、构造,熟悉其动作原理

2. 观察电动机的启动

按图 8-3 将电动机接成星形连接,合上三相开关,观察电动机的启动。

3. 观察电动机的反转

断开电源开关,使电动机停转。对调三根电源线中的任意两根,合上电源开关,观察电动机的旋转方向是否改变。

实验 8-2　三相异步电动机的交流继电-接触器控制

1. 三相异步电动机的点动控制

按图 8-4 接线,此时不接入与启动按钮并联的"自保"触头 $KM1_2$,观察电动机的点动控制情况。

2. 三相异步电动机的单向连续转动控制

点动控制电路运行正常后,在启动按钮两端并联"自保"触头 $KM1_2$,如图 8-4 所示,观察电动机的单向连续运行情况。

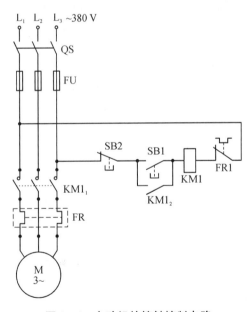

图 8-4　电动机的接触控制电路

3. 三相异步电动机的正反转控制

三相异步电动机的正反转控制要求如下。

(1) 正转:按下正转启动按钮,电机正转。

(2) 反转:按下反转启动按钮,电机反转。

(3) 停止:按下停止按钮,电动机停转。

(4) 正反转电路要求电气联锁,以防止正反转电路同时接通,造成电源两相短路事故。

接线可参考图8-5。接线时按照"先串后并"的原则,即先联结正转电路,再并联联结反转电路。注意在正转电路中串入反转控制继电器的常闭触点,在反转电路中串入正转控制继电器的常闭触点构成电气联锁。

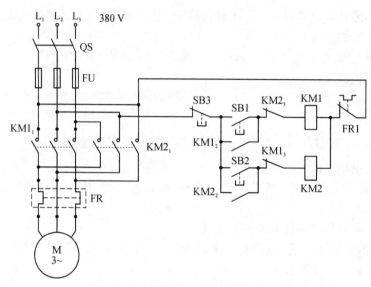

图8-5　异步电动机的正反转控制电路

8.4.2　开放实验

实验8-3　异步电动机的联锁控制

如图8-6所示,在生产实践中,为了不发生传输货物的堆积,需要控制2台皮带传输机按顺序运行,达到副机先开、主机先停的目的。即:启动时,副机 M1 先启动,主机 M2 才能启动;停车时,主机 M2 先停车,副机 M1 才能停车。

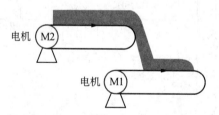

图8-6　皮带运输机工作示意图

为了满足副机 M1 启动后,主机 M2 才能启动的设计要求,可将副机 M1 的接触器的动合触点 $KM1_3$ 串联接入主机 M2 的控制电路。这样,只有副机 M1 先启动,$KM1_3$ 闭合,主机控制线路才能接通。为了满足主机 M2 先停车,副机 M1 才能停车的设计要求,应将副机 M1 的停车按钮 $SB1_S$ 与主机 M2 的接触器的动合触点 $KM2_3$ 并联。这样,只有主机 M2 先停车,$KM2_3$ 断开,副机 M1 控制线路才能通过停车按钮 $SB1_S$ 断开。控制电路如图8-7所示。

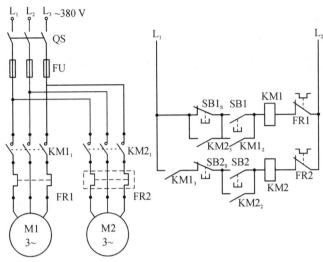

图 8-7 两台电动机的联锁控制电路

8.5 预习思考题

1. 复习异步电动机、交流接触器、热继电器等常用低压电器的内容,并把它们的图形和字母符号填入表 8-1。

表 8-1 常用电机、电器图形和字母符号

名 称	符 号	名 称		符 号
三相笼式 异步电动机		按钮触点	常开(动合)	
			常闭(动断)	
单相变压器		接触器触点	常开(动合)	
			常闭(动断)	
三相开关		时间继电器	常闭延时闭合	
			常闭延时断开	
熔断器		触 点	常开延时断开	
			常闭延时闭合	
信号灯		行程开关触点	常开(动合)	
			常闭(动断)	
接触器、继电器 吸引线圈		热继电器 KH	热元件	
			常闭触点	

2. 复习三相异步电动机继电-接触器控制系统设计规则。

8.6 分析与总结

1. 异步电动机的负载加大时,转速和定子电流将如何变化?

2. 电动机的继电-接触器控制电路有何优点?可应用于哪些场合?

3. 在使用电动机、电器之前,应先查阅其铭牌数据,这是为什么?

8.7 实验注意事项

1. 本实验为强电实验,须严格按《实验注意事项》操作。

2. 在实验操作过程中,切勿触碰电动机转动部分以及线路带电部分,以免发生机械碰伤或触电等人身事故。

3. 实验过程中,注意衣服、头发等不要触及电动机转动部分,以免发生人身事故。

实验 9　风力发电、传输与应用

扫码预习

9.1　实验目的

1. 了解电能的发—变—输—配—用系统各部分的功能。
2. 了解风力发电和风力发电机的工作原理。
3. 了解三相变压器的工作原理。
4. 了解电动机、吊机、低压电器控制设备的工作原理。
5. 了解民用电的配电方式。
6. 掌握安全用电基本常识。

9.2　预备知识

风力发电是指把风的动能转化为电能。风能是一种清洁、无公害、可再生的能源,利用风力发电非常环保。我国风能资源丰富,很早就开始了风力发电的研究、试验和推广工作。

电能的发—变—输—配—用系统通常包括发电场→升压变电站→高压输电线路→降压变电站→工厂或家庭等基本环节。图9-1展示了一个发电、传输和应用系统的组成原理图。

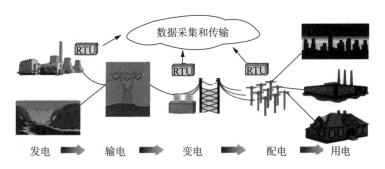

图 9-1　发—变—输—配—用系统组成原理图

9.3　实验内容

本实验为电力系统认知实验,在虚拟仿真平台以漫游和互动的形式了解整个风力发电、传输与应用系统。

1. 风力发电场

风力发电场采用风力发电机进行发电。风力发电机简称风机,主要由塔架、叶片、发电机等三大部分构成。运转的风速通常须大于2～4 m/s(依发电机不同而有所差异),但是风速太强也不行。根据风机类别的不同,IEC标准对风机的最大耐风速有不同规定,其中I类风机约为70 m/s。一般来说,好的风力发电场不仅要求一年四季有风的日子多,风速的大小和稳定也很关键。

2. 风力发电机的外观与结构

把风的动能转变成机械能,再把机械能转化为电能,就是风力发电。风力发电的原理是利用风力带动风车叶片旋转,通过增速机将旋转的速度提升,来促使发电机发电。

风力发电所需要的装置,称作风力发电机组,通常包括风轮、发电机和塔架三部分,如图9-2所示。

风轮是把风的动能转变为机械能的重要部件,它由若干叶片组成。当风吹向叶片时,叶片上产生气动力驱动风轮转动。叶片的材料要求强度高、重量轻,目前多用玻璃钢或其他复合材料(如碳纤维)来制造。

由于风轮的转速比较低,而且风力的大小和方向经常变化,因此在连接到发电机之前,还必须先连接一个把转速提高到发电机额定转速的齿轮变速箱和一个使转速保持稳定的调速机构。为使风轮始终对准风向以获得最大的功率,小型和家用型风力发电机一般还在风轮的后面装一个类似风向标的尾舵。

塔架是支承风轮和发电机的机构。它一般修建得比较高,为的是获得较大的和较均匀的风力。塔架的高度根据地面障碍物对风速影响及风轮的直径而定,一般在 6~20 m 范围内。

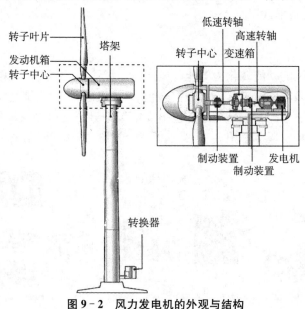

图 9-2 风力发电机的外观与结构

风力发电机因风量不稳定,一般输出的是 13~25 V 变化的交流电,需要经过整流后向蓄电池充电,使风力发电机产生的电能转换成化学能储存。使用时,采用有保护电路的逆变电源,把蓄电池里的化学能转变成 220 V 的交流市电,才能保证稳定使用。

3. 升压变电站

变电站是指电力系统中对电压和电流进行变换,接受电能及分配电能的场所。电厂内的变电站是升压变电站,其作用是将发电机发出的电升压后按一定输出形式馈送到高压电网中。从我国的电力使用情况来看,一般送电距离在 200~300 km 时采用 220 kV 的电压输电,在 100 km 左右时采用 110 kV 的电压,在 50 km 左右时采用 35 kV 或 66 kV 的电压,在 15~20 km 时采用 10 kV、12 kV 的电压,有的则用 6.3 kV。输电电压为 110 kV、220 kV 的线路,称为高压输电线路;输电电压为 330 kV、550 kV 及 750 kV 的线路,称为超高压输电线路;输电电压为 1 000 kV 的线路,称为特高压输电线路。

4. 高压输电

从发电站发出的电能,一般都要通过高压输电线路送到各个用电地方。根据输送电能距离的远近,采用不同的高电压,以减少线路损耗。

5. 降压变电站

高压电达到用户端,通常需要经过两次降压,在降压变电站将高压降至 10 kV。

6. 配电站和变压器

配电站一般设置在住宅小区、学校、工厂区域内,用于将电压降至 220 V 和 380 V。配电站用到的主要装置为配电变压器。

配电变压器,简称"配变"。以三相油浸式配电变压器为例,其结构如图 9-3 所示。

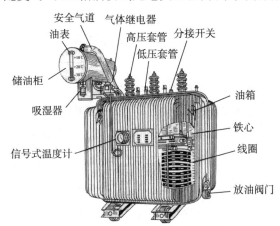

图 9-3 三相油浸式变压器结构图

构成变压器的核心部分即电磁部分,由铁心和绕组构成。铁心是变压器的磁路,绕组是变压器的电路。

铁心是变压器中主要的磁路部分,通常由含硅量较高、厚度为 0.35 mm 或 0.5 mm、表面涂有绝缘漆的热轧或冷轧硅钢片叠装而成。铁心分为铁心柱和铁轭两部分,铁心柱套有绕组,铁轭用于闭合磁路。铁心结构的基本形式有心式和壳式两种。

绕组是变压器的电路部分,一般用绝缘扁铜线或圆铜线在绕线模上绕制而成。

变压器内部结构原理图如图 9-4 所示。图中,电源输入端的绕组为初级绕组(或称一次绕组),电源输出端的绕组为次级绕组(或称二次绕组)。三相变压器的内部有 6 组绕组。

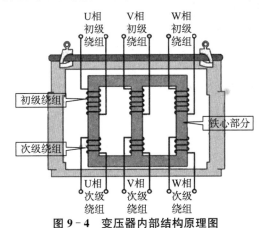

图 9-4 变压器内部结构原理图

变压器的初级绕组和次级绕组相当于两个电感器,当交流电压加到初级绕组上时,在初级绕组上就形成了电动势,产生出交变磁场。次级绕组在磁场作用下,也产生与初级绕组磁场变化规律相同的感应电动势(电压),输出交流电压,这就是变压器的变压过程,如图 9-5 所示。

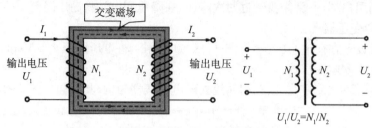

图 9-5 变压器工作原理图

7. 用电场所

本实验提供工厂、学校和家庭三个用电场景。

大部分工厂都拥有以大型机器或设备构成的生产线,其中电动机是工业生产中使用最多的电力拖动设备。在工厂场景中,学习工厂常用的吊机、电动机及保险丝、刀闸、交流接触器、热继电器等控制器件。

校园的正常运作的基本条件之一是稳定的供电,在校园场景中,学习常用民用电配电方式、配电设备以及照明电路的基本形式。

家庭的安全用电至关重要,在居家场景中,主要学习家庭用电布线形式,安全用电常识。

9.4 预习思考题

1. 电能从产生到使用,一般要经过哪些过程?
2. 在电能的传输电路中,为了减少线路损耗,通常采用高压还是低压传输?
3. 哪些能源属于清洁和绿色能源?

9.5 分析与总结

1. 叙述风力发电机的工作原理。
2. 配电站中的三相变压器通常输出哪两种电压?
3. 风力发电机发出的电能否直接接入电网?
4. 请列举 3 个安全用电的实例。

9.6 实验注意事项

本实验为虚拟仿真实验,实验前请先阅读软件操作指南。

第二篇　电子技术实验

扫码预习

实验 10　单管放大电路的研究(一)

10.1　实验目的

1. 学习放大电路静态工作点的测量和调试方法。
2. 掌握静态工作点对动态性能的影响。
3. 测量电压放大倍数,比较不同负载电阻对放大倍数的影响。
4. 了解分压式偏置电路中集电极电阻和旁路电容的作用。
5. 学习三极管元器件的判别。

10.2　预备知识

　　三极管是放大电路的核心元器件,通过放大电路可以把弱小电流或电压信号加以放大。对放大电路的基本要求:具有合适的静态工作点、有足够的放大倍数(电压、电流、功率)和尽可能小的波形失真。

　　静态工作点是指放大电路没有输入信号时,在给定电路参数下,晶体管各极直流电流、电压的数值(I_B、I_C、U_{CE})。静态工作点是否合适,对放大器的性能和输出波形都有很大影响。如图 10-1(a)所示,静态工作点过低,放大器容易产生截止失真;如图 10-1(b)所示,如果静态工作点偏高,放大器加入交流信号后容易产生饱和失真。改变电路的参数,如基极电阻 R_B、集电极电阻 R_C 和电源电压 U_{CC} 等都会引起静态工作点的变化。通常采用在输入信号有效值一定的情况下改变电阻 R_B,使静态工作点位于晶体管输出特性曲线的中点,即

$$U_{CE} \approx \frac{1}{2}U_{CC}$$

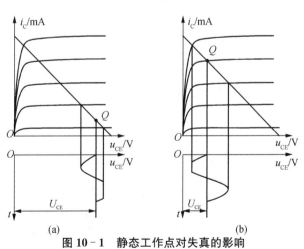

(a)　　　　　　　　　　(b)

图 10-1　静态工作点对失真的影响

这时放大电路具有最大动态范围。静态工作点可由直流电压表、电流表测得,也可单独使用电压表测取 U_{RC}、U_{RE}、U_{CE} 值,间接求得 I_B、I_C。需要说明的是,如果信号幅值很小,静态工作点偏高或

偏低也不一定会失真。但是如果输入信号的幅值较大,静态工作点应该靠近负载线的中点。

放大电路的动态分析是指放大电路在有信号输入($u_i \neq 0$)时的工作状态。动态分析主要是计算电压放大倍数 A_u、输入电阻 r_i 和输出电阻 r_o 等。

分压式偏置电路是一种常见的基本放大电路,如图 10-3 所示。它的偏置电路采用 R_{B1},再和 R_{B2} 组成分压电路,当在放大器的输入端加入输入信号后,其输出端可以得到一个反相、放大的输出信号。分压式偏置电路在发射极接有反馈电阻 R_E,对稳定静态工作点有较好的效果。R_E 越大稳定效果越好,但是 R_E 太大,其两端的交流压降将增加,从而会减小放大电路输出电压的幅度,降低放大倍数。为此常在 R_E 两端并联一个较大的电容 C_E,使交流旁路。C_E 称为交流旁路电容容量一般为几十到几百微法。

该分压式偏置电路的静态工作点,可以由下式估算:

设流过偏置电阻的电流远远大于基极电流 I_B,则

$$V_B = R_{B2} I_2 \approx \frac{R_{B2}}{R_{B1} + R_{B2}} U_{CC} \;,\; I_C \approx I_E = \frac{U_B - U_{BE}}{R_E} \;,\; U_{CE} \approx U_{CC} - I_C(R_C + R_E)$$

式中,V_B 为三极管基极电位,I_C、I_E 分别为集电极和发射极电流,U_{CC} 为直流电源电压。该电路的交流电压放大倍数为

$$A_u = \frac{\dot{U}_o}{\dot{U}_i} = -\beta \frac{R_C /\!/ R_L}{r_{be}}$$

输入电阻为

$$r_i = R_{B1} /\!/ R_{B2} /\!/ r_{be}$$

输出电阻为

$$r_o \approx R_C$$

本实验主要研究负载变化对放大倍数的影响。输入、输出电阻的测量将在单管放大电路实验(二)中学习。

10.3 仪器设备

(1) 函数信号发生器;(2) 示波器;(3) 交流毫伏表;(4) 直流稳压电源;(5) 万用表;(6) 单管放大器实验板。

注意:为了防止干扰,实验中各仪器和实验装置必须共地连接,如图 10-2 所示。

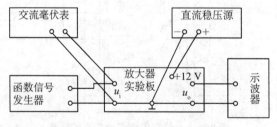

图 10-2　仪器设备的互连示意图

10.4　实验内容

10.4.1　必做实验

实验 10-1　单管放大电路的静态和动态研究

1. 静态工作点的调节和测量

电路如图 10-3 所示,首先连接(C)、(D),在实验电路中接入直流毫安表和直流电源,输入端不接入信号源($\dot{U}_i=0$),负载开路($R_L=\infty$),调节 R_w,使集射极电压 $U_{CE}=6$ V。用万用表直流挡测量静态参数,记录在表 10-1 中。

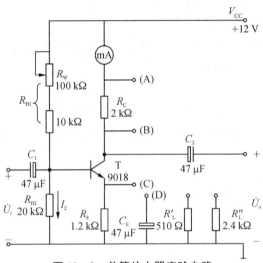

图 10-3　单管放大器实验电路

2. 测量不同负载的电压放大倍数,观察输入输出电压的相位关系

(1) 保持静态工作点不变。

(2) 在放大电路的输入端送入 $U_i=10$ mV,$f=1$ kHz 的正弦信号。

(3) 按表 10-2 中所示值改变负载 R_L,用交流毫伏表分别测出输出电压 U_o,记录在表 10-2 中。并计算三种情况下的电压放大倍数,观察其变化情况。

(4) 在任何一种负载状态下,用双踪示波器观察 $\dot{U}_i$ 和 $\dot{U}_o$ 的相位关系为:_____。

实验 10-2　旁路电容及集电极电阻作用研究

1. 观察旁路电容 C_E 开路对放大电路的影响

(1) 电路如图 10-2 所示,(A)、(B)点断开,保持静态工作点不变(如有变动,参照 10-1 叙述的方法重新调节)。

(2) 断开(C)、(D)点,开路 C_E。

(3) 在电路的输入端送入 $U_i=10$ mV,$f=1$ kHz 的正弦信号,在示波器上观察输出电压 u_o 的波形幅值的变化_____(变大,变小,不变),并和 C_E 未断开前的波形相比较,分析思考变化产生的原因:_____。

(4) 恢复(C)、(D)点连接。

2. 观察集电极电阻 R_C 短接对放大电路的影响

(1) 电路如图 10-2 所示,连接(C)、(D)点,保持静态工作点不变(如有变动,参照 10-1 叙述的方法重新调节)。

(2) 连接(A)、(B)点,短接 R_C。

(3) 在图 10 - 2 所示电路的输入端送入 $U_i = 10 \text{ mV}$,$f = 1 \text{ kHz}$ 的正弦信号,在示波器上观察输出电压 u_o 的波形幅值的变化_____(变大,变小,不变),并和 R_C 未短接前的波形相比较,分析思考变化产生的原因:_____。

(4) 断开(A)、(B)点。

实验 10 - 3 静态工作点对失真的影响研究

1. 取 $R_L = \infty$;调节输入信号,使 $U_i = 30 \text{ mV}$,$f = 1 \text{ kHz}$。

2. 把 R_W 逐渐调小,用示波器观察输出电压波形的变化,在表 10 - 3 中画出波形。撤去输入信号,使 $U_i = 0$,记录毫安表的读数 I_C。

3. 把 R_W 逐渐调大,用示波器观察输出电压波形的变化,在表 10 - 3 中画出波形。撤去输入信号,使 $U_i = 0$,记录毫安表的读数 I_C。

10.4.2 开放实验

实验 10 - 4 三极管元件的判别

阅读附录"常用电子元器件的判别",利用万用表对三极管进行以下判别和估测:

(1) 三极管管型判别;

(2) 三极管管脚的判别;

(3) 用万用表估测电流放大系数 β。

10.5 预习思考题

1. 阅读附录,学习低频函数信号发生器、交流毫伏表、示波器和直流稳压电源等仪器的主要功能和使用时的注意事项。

2. 放大电路测试中,哪些测试需用直流电表,哪些测试需用交流毫伏表?

3. 估计放大器的偏流太大和太小时引起的失真情况。

10.6 分析与讨论

1. 根据测试结果,讨论 R_L 的数值大小对电压放大倍数的影响。

2. 讨论静态工作点对放大器性能的影响。

3. 从电路放大倍数公式说明为什么 R_C 短接 $U_o = 0$?

4. 分析 C_E 开路对放大电路的影响。

10.7 实验注意事项

1. 实验中,各仪器设备应注意"共地"连接。

2. 由于放大电路的输出电压和输入电压不是同一数量级,当测完输入电压后,在测量输出电压时,晶体管毫伏表要注意更换量程,以免指针由于超量程而受损。

3. 注意电源 V_{CC} 的极性,电源电压不超过 12 V。

实验数据记录 10

学号：＿＿＿＿＿＿＿＿　　　姓名：＿＿＿＿＿＿＿＿　　　实验日期：＿＿＿＿＿＿＿＿

表 10－1　静态工作点的测量

	基极电位 V_B/V	集电极电位 V_C/V	发射极电位 V_E/V	集射极电压 U_{CE}/V	集电极电流 I_C/mA
测量值					
计算值					

表 10－2　不同负载时的电压放大倍数

	输入电压 U_i/mV	输出电压 U_o/mV	电压放大倍数（U_o/U_i）
$R_L \rightarrow \infty$（R_L 不接）			
$R_L' = 2.4 \, \text{k}\Omega$			
$R_L'' = 510 \, \Omega$			

分压式偏置电路 u_o 和 u_i 的相位关系为＿＿＿＿＿＿＿＿＿＿ 。

分压式偏置电路当旁路电容 C_E 开路时，输出电压 u_o 的变化＿＿＿＿＿＿＿＿。（变大，变小，不变）

分压式偏置电路当集电极电阻 R_C 短路时，输出电压 u_o 的变化＿＿＿＿＿＿＿＿。（变大，变小，不变）

表 10－3　不同偏流时放大器的输出波形

偏流 I_C/mA	输出电压波形 $U_o(t)$	失真类型
电流 $I_C =$＿＿＿	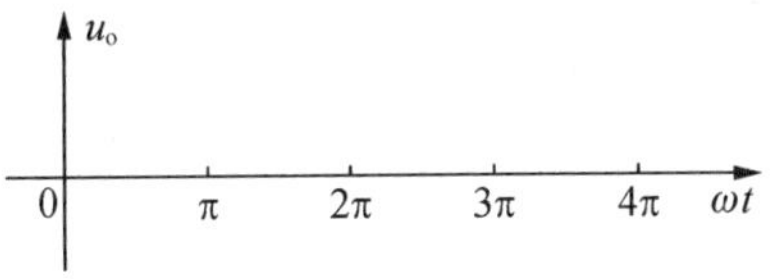	
电流 $I_C =$＿＿＿＿＿	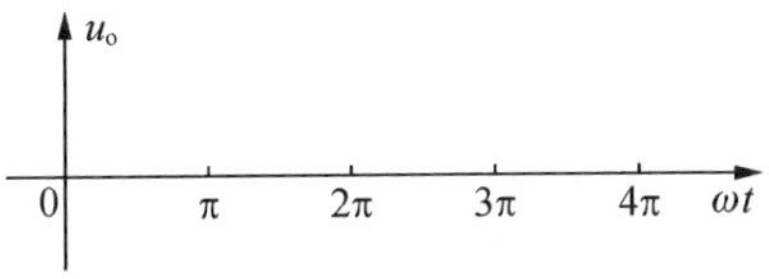	

实验 11　单管放大电路的研究（二）

11.1　实验目的

1. 掌握射极输出器的特性及测试方法。
2. 学习放大器各项参数的测试方法。

11.2　预备知识

　　一个典型的射极输出器电路如图 11-1 所示，它的输出电压从放大器的发射极获取。射极输出器具有输入电阻高，输出电阻低，电压放大倍数接近于 1，输出电压能在较大范围内跟随输入电压做线性变化，以及输入、输出相位相同等特点。

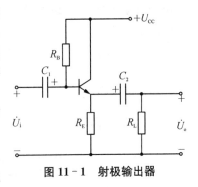

图 11-1　射极输出器

　　通常射极输出器输入、输出电阻和电压放大倍数可由下面的方法测量。

1. 输入电阻 r_i

　　射极输出器的输入电阻比共射极单管放大器的输入电阻高很多。根据理论分析，图 11-1 所示射极输出器的输入电阻为

$$r_i = R_B // [r_{be} + (1+\beta)(R_E // R_L)] \tag{11-1}$$

　　实验中为了测量放大器的输入电阻，通常在放大器的输入端与信号源之间串入一已知电阻 R，如图 11-2 所示。在放大器正常工作的情况下，分别测量出 U_S 和 U_i，根据输入电阻的定义可得：

$$r_i = \frac{U_i}{I_i} = \frac{U_i}{\dfrac{U_R}{R}} = \frac{U_i}{U_S - U_i} R \tag{11-2}$$

2. 输出电阻 r_o

　　射极输出器的输出电阻低，根据理论分析，图 10-1 所示射极输出器电路的输出电阻为

$$r_o \approx \frac{r_{be}}{\beta} \tag{11-3}$$

　　实验中为了测量其输出电阻，通常先测量接入负载 R_L 的输出电压 U_o，再测量空载（$R_L \to \infty$）时的输出电压 U_o'，根据

$$U_o = \frac{R_L}{r_o + R_L} U_o'$$

即可求出

$$r_o = \left(\frac{U_o'}{U_o} - 1\right) R_L \qquad (11-4)$$

3. 电压放大倍数

根据理论分析,射极输出器的电压放大倍数为

$$A_u = \frac{(1+\beta)(R_E//R_L)}{r_{be} + (1+\beta)(R_E//R_L)} \approx 1 \qquad (11-5)$$

射极输出器的电压放大倍数小于但接近1,且为正值,因此射极输出器又称为电压跟随器。但它的射极电流仍比基极电流大$(1+\beta)$倍,所以它具有一定的电流和功率放大作用。

由于射极输出器具有输入电阻高,输出电阻低,电压放大倍数接近于1的特点,它在电子线路中得到广泛应用。由于它的输入电阻高,它可以被用于测量仪器中多级放大电路的输入级,减小放大电路对被测电路的影响。由于它的输出电阻低,又可以用于多级放大电路的输出级,以增强末级带负载的能力。

11.3 实验设备

(1) 直流稳压电源;(2) 低频信号发生器;(3) 万用表;(4) 实验方板和元器件。

11.4 实验内容

本实验可采用 Multisim 仿真软件完成,也可自行搭接线路完成。

1. 静态工作点的调整与测试

(1) 按图 11-2 连接实验电路。此时信号源 U_S 和电阻 R 不接,负载开路($R_L \rightarrow \infty$),调节 R_W,使集射极电压 $U_{CE} = 6$ V,用万用表直流挡测量并记录各静态参数,填入表 11-1 中。

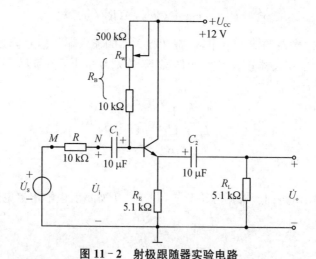

图 11-2 射极跟随器实验电路

2. 放大电路动态工作状态分析

(1) 观察射极输出器的电压跟随现象,测量电压放大倍数

在图 11-2 所示实验电路中接入负载 $R_L = 5.1\,\text{k}\Omega$,在 N 点接入函数信号发生器,输入 $f =$

1 kHz 的正弦信号,调节输入信号幅度,使 $U_i = 0.5 \sim 1\,V$,用示波器观察输出波形 U_o。根据输入波形 U_i 变化的情况,记录其相位关系为:_____,大小关系为:_____。

调节信号发生器,使 $U_i = 1\,V$,用交流毫伏表测量输出电压 U_o 的值,计算电压放大倍数,记入表 11 - 2 中。

(2) 测量输出电阻 r_o。

在图 11 - 2 中 N 点接入函数信号发生器,输入 $f = 1\,kHz$, $U_i = 1\,V$ 的正弦信号。首先在 $R_L = 5.1\,k\Omega$ 时,测量输出电压 U_o。然后断开负载,在 $R_L \rightarrow \infty$ 时,测量输出电压 U_o';按公式(11 - 4)计算输出电阻 r_o,记入表 11 - 3 中。

(3) 测量输入电阻 r_i

在图 11 - 2 中 N 点接入电阻 R,在 M 点输入 $f = 1\,kHz$, $U_s = 1\,V$ 的正弦信号 U_s。分别测量 U_s 和 U_i,即 M、N 点对地电压,然后按公式(11 - 2)计算输入电阻 r_i,记入表 11 - 4 中。

11.5　预习思考题

1. 复习射极输出器的工作原理和特点。
2. 理论上计算图 11 - 2 所示电路的放大倍数和输入、输出电阻。

11.6　分析与讨论

1. 比较射极输出器(共集电极放大电路)和集电极输出电路(共射极放大电路),两种电路各有什么特点?
2. 比较实验测得的输入、输出电阻值和电压放大倍数与理论值的误差。
3. 射极输出器通常多应用于放大电路的首级和末级,为什么?

11.7　实验注意事项

1. 搭接电路时注意电解电容的极性。
2. 实验中各仪器设备应注意共"地"连接。

实验数据记录 11

学号：＿＿＿＿＿＿＿＿＿　　姓名：＿＿＿＿＿＿＿＿　　实验日期：＿＿＿＿＿＿＿＿

射极跟随器输出电压 u_o 与输入电压 u_i 相位关系为：＿＿＿＿＿＿＿，大小关系为：＿＿＿＿＿＿。

表 11–1 射极跟随器静态工作点

测量数据/V			计算数据/mA	
基极电位	集电极电位	发射极电位	基极电流	发射极电流

表 11–2 电压放大倍数数据记录表

U_i/mV	U_o/mV	电压放大倍数

表 11–3 输出电阻实验数据记录表

U_o/mV	U_o'/mV	r_o/Ω

表 11–4 输入电阻实验数据记录表

U_S/mV	U_i/mV	r_i/Ω

实验 12　差分放大电路

扫码预习

12.1　实验目的

1. 加深对差分放大器性能及特点的理解。
2. 学习差分放大器主要性能指标的测试方法。

12.2　预备知识

多级直接耦合放大电路的各级工作点会相互影响。常见的问题是由于温漂而导致整个放大电路的工作点发生严重漂移,严重时将使得电路无法工作。

差分放大电路也称差动放大电路,是一种对零点漂移具有很强抑制能力的基本放大电路,常用作集成运放或多级直接耦合放大电路的输入级。差分放大电路的结构特点是对称性,即放大电路两边对称,组成电路的两个晶体管型号相同、特性相同,电路中各对应电阻值相等。其常见的形式有三种:基本形式、长尾式和恒流源式。基本形式差分放大电路对于抑制单边输出的零点漂移效果微乎其微,所以在实际工程中很少被采用。

1. 长尾式差分放大电路

长尾式差分放大电路又称射极耦合差分放大电路,如图 12-1 所示。在两个三极管的公共射极上接入的电阻 R_E,即称为"长尾"。长尾电阻 R_E 的作用是引入一个共模负反馈,降低了共模电压放大倍数,减小每个管子输出端的零漂,电阻 R_E 的值越大,则共模负反馈越强,抑制零漂的效果越好,但对差模电压放大倍数没有影响。但是,由于长尾电阻 R_E 上的直流压降较大,因此接入负电源 U_{EE} 以补偿电阻 R_E 上的直流压降。电阻 R_W 称调零电位器,由于电路实际组成时不可能完全对称,因此静态时可能输出电压不为零,通过调节 R_W 可使放大电路在输入为零时输出电压也为零。

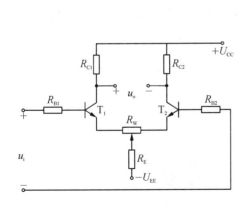

图 12-1　长尾式差分放大电路

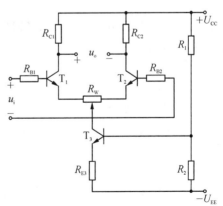

图 12-2　恒流源式差分放大电路

2. 恒流源式差分放大电路

为了得到比较好的抑制零漂的效果,同时又希望负电源 U_{EE} 的值不要过高,可以使用三极管代替原来的长尾电阻 R_E ,这就是恒流源式差分放大电路,如图 12-2 所示。当三极管工作在恒流区(即放大区)时,三极管集电极与发射极之间的动态电阻 r_{ce} 很大,故用一个三极管代替长尾电阻 R_E 既可较好地抑制零漂,又不会要求过高的负电源 U_{EE} 。恒流源式差分放大电路在集成运放中应用十分广泛。

(1) 差模电压放大倍数。理论上,如图 12-2 所示恒流源式差分放大电路的差模电压放大倍数为

$$A_{ud} = \frac{-\beta R_{C1}}{R_{B1} + r_{be} + \frac{1}{2}(1+\beta)R_W}$$

实验中,为了测量其差模电压放大倍数,则通常在输入端输入差模信号 u_{id} (正弦信号),测量 T_1 、 T_2 集电极对地的交流电压 U_{C1} 、 U_{C2} ,则双端输出时差模电压放大倍数为

$$A_{ud} = \frac{U_{C1} + U_{C2}}{U_{id}}$$

(2) 共模电压放大倍数。理论上,如图 12-2 所示恒流源式差分放大电路的共模电压放大倍数为

$$A_{uc} = 0$$

实验中,共模电压放大倍数的测量方法是:在两个输入端输入一对共模信号 U_{ic} (直流电压),测量 U_o ,则双端输出时共模电压放大倍数为

$$A_{uc} = \frac{U_o}{U_{ic}}$$

(3) 共模抑制比。共模抑制比 K_{CMR} 表示差分放大电路对共模信号的抑制能力,即

$$K_{CMR} = \left| \frac{A_{ud}}{A_{oc}} \right|$$

或

$$K_{CMR} = 20\lg \left| \frac{A_{ud}}{A_{oc}} \right| \text{(dB)}$$

K_{CMR} 越大,说明差分放大电路对共模信号的抑制能力越强,放大电路的性能越好。

12.3 实验设备

(1) 直流稳压电源;(2) 万用表;(3) 低频信号发生器;(4) 晶体管毫伏表;(5) 示波器;(6) 晶体管差分放大电路实验板。

12.4 实验内容

12.4.1 必做内容

实验 12-1 恒流源差分放大电路零点调整和静态工作点测量

1. 零点调整

实验电路如图 12-3 所示。(C)与(D)连接,(K)与(2)连接构成恒流源式差分放大电路,输入端(A)、(B)同时接地,接通电源 U_{CC} 和 U_{SS} ,调节电位器 R_W ,使双端输出电压 u_o 为零。在以后的实验中, R_W 应保持不变。

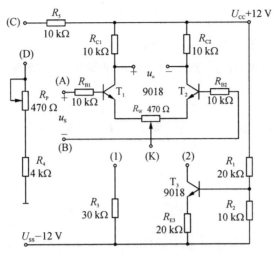

图 12-3 晶体管差分放大电路

2. 静态工作点的测量

按表 12-1 要求测量静态参数,并计算相关的电压、电流。

实验 12-2 恒流源差分放大电路差模电压放大倍数的测量

实验电路如图 12-3 所示。输入端(A)接入 1 kHz、20 mV 的正弦交流信号,输入端(B)接地。分别观察差分放大管 T_1、T_2 集电极对地的电压和电阻 R_{E3} 两端的电压波形。在输出波形不失真的条件下,用交流毫伏表分别测量 T_1、T_2 集电极对地的交流电压有效值 U_{C1} 和 U_{C2},用万用表直流电压挡测量 R_{E3} 两端电压 U_{RE3}。然后改变输入交流信号为 1 kHz、30 mV,重复上述测量,将数据记录在表 12-2 中,并计算差模电压放大倍数 A_{ud}。

实验 12-3 恒流源差分放大电路共模电压放大倍数的测量

实验电路如图 12-3 所示。

1. 连接实验线路板上(C)点与(D)点,用万用表直流电压挡测量(C)点与地之间的电压 U_{IC},调节 R_P,使 $U_{IC}=2$ V。

2. 输入端(A)、(B)短接,短接点与(C)点连接,用万用表测量 U_o,将数据记录在表 12-3 中。计算共模电压放大倍数和共模抑制比。

12.4.2 开放实验

实验 12-4 长尾式差分放大电路

实验电路如图 12-3 所示。将(K)与(1)连接构成长尾式差分放大电路。重复实验 12-1、实验 12-2、实验 12-3 实验步骤,将测量数据记录在表 12-4 至表 12-6 中,并进行相关数据的计算。

12.5 预习思考题

1. 阅读各项实验内容,理解有关实验原理,明确实验目的。

2. 估算长尾式差分放大电路和恒流源式差分放大电路的静态工作点和差模电压放大倍数。(取 $\beta=100$)

12. 6　分析与讨论

1. 差分放大电路为什么要调零？如何调零？
2. 在实验 12 - 2 中,若输出信号仅从 T_1 管的集电极引出,则差模电压放大倍数为多少？

12. 7　实验注意事项

测试静态工作点和动态参数前,一定要调零,即 $U_i = 0$ 时,使 $U_o = 0$。

实验数据记录 12

学号：＿＿＿＿＿＿＿　　　姓名：＿＿＿＿＿＿＿　　　实验日期：＿＿＿＿＿＿＿

表 12−1　恒流源式差分放大电路静态实验数据

U_{B1}/V	U_{B2}/V	U_{CE1}/V	U_{CE2}/V	U_{E1}/V	U_{E2}/V	U_{RC1}/V	U_{R3}/V
计算项	U_{BE1}/V	U_{BE2}/V	I_B/mA	I_C/mA	I_E/mA	I_{RE3}/mA	β

表 12−2　恒流源式差分放大电路差模电压放大倍数实验数据　　　　　　单位：mV

U_S	U_{C1}	U_{C2}	U_{RE3}	$U_{C1}+U_{C2}$	A_{ud}
20					
30					

注：$A_{ud} = \dfrac{U_{C1}+U_{C2}}{U_S}$

表 12−3　恒流源式差分放大电路共模电压放大倍数实验数据

U_{IC}/V	U_o/V	$A_{uc} = U_o/U_{IC}$	$K_{CMR} = 20\lg(A_{ud}/A_{uc})$
2			

表 12−4　长尾式差分放大电路静态实验数据

U_{B1}/V	U_{B2}/V	U_{CE1}/V	U_{CE2}/V	U_{E1}/V	U_{E2}/V	U_{RC1}/V	U_{R3}/V
计算项	U_{BE1}/V	U_{BE2}/V	I_B/mA	I_C/mA	I_E/mA	I_{RE3}/mA	β

表 12−5　长尾式差分放大电路差模电压放大倍数实验数据　　　　　　单位：mV

U_S	U_{C1}	U_{C2}	U_{RE3}	$U_{C1}+U_{C2}$	A_{ud}
20					
30					

表 12−6　长尾式差分放大电路共模电压放大倍数实验数据

U_{IC}/V	U_o/V	$A_{uc} = U_o/U_{IC}$	$K_{CMR} = 20\lg(A_{ud}/A_{uc})$
2			

扫码预习

实验 13　负反馈放大电路

13.1　实验目的

1. 加深理解负反馈放大器的工作原理及对放大器性能的影响。
2. 掌握负反馈放大电路性能指标的测试方法。

13.2　预备知识

负反馈在电子电路中有着非常广泛的应用。放大电路引入负反馈以后,虽然放大倍数降低了,但是放大倍数的稳定性提高,输出波形的非线性失真减小,通频带展宽,输入电阻和输出电阻发生改变。负反馈对放大电路性能的改善程度,取决于反馈深度。一般来说,负反馈越深,即反馈深度 $|1+\dot{A}\dot{F}|$ 的值越大,对放大电路各项性能指标的改善效果越明显。

负反馈放大电路有 4 种类型:电压串联负反馈、电压并联负反馈、电流串联负反馈和电流并联负反馈。本实验以电压串联负反馈为例,分析负反馈对放大电路各项性能指标的影响。

图 13-1 所示为带有负反馈的两级阻容耦合放大电路。在该电路中,反馈电阻 R_{F1}、R_{F2} 把输出电压 $\dot{U}_o$ 引回到输入端,加在晶体管 T_1 的发射极上。在发射极电阻 R'_{E1} 上形成反馈电压 $\dot{U}_f$。根据反馈的判断方法可知,该反馈属于电压串联负反馈,使放大电路的输入电阻提高,输出电阻降低,提高了放大电路的带负载能力。

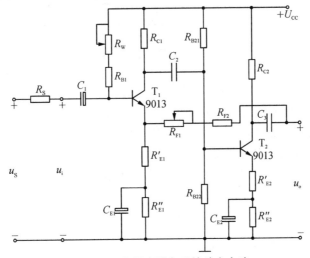

图 13-1　电压串联负反馈放大电路

13.3　实验设备

(1)直流稳压电源;(2)万用表;(3)低频信号发生器;(4)晶体管毫伏表;(5)示波器;(6)负反馈放大电路实验板。

13.4 实验内容

13.4.1 必做内容

实验 13-1 静态工作点的调整

负反馈放大电路如图 13-2 所示,输入端不接入信号源($u_S=0$),连接(D)、(F)两点,接入旁路电容 C_{E1},接入直流电源 U_{CC},调节 R_W,用万用表直流电压挡测量 R_{C1} 两端电压,使 $U_{R_{C1}}=2.4\,V$,测量 T_1、T_2 三极管的静态工作点,将实验数据记录在表 13-1 中。

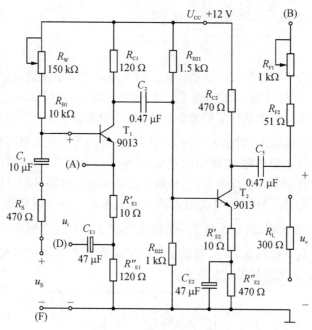

图 13-2 负反馈放大电路

实验 13-2 基市放大电路的动态性能测试

在如图 13-2 所示放大电路输入端 u_S 接入 1 kHz、5 mV 的正弦交流信号,且在以下测试中保持不变。完成以下实验,将实验数据记录在表 13-2 中,并计算相关实验数据。

1. 测定基本放大电路的放大倍数 A_u

短路 R_S,负载 R_L 不接(开路),测量放大电路输出电压 U_o,则有

$$A_u=\frac{U_o}{U_S}$$

2. 测定基本放大电路的输入电阻 r_i

接入 R_S,负载 R_L 不接(开路),测量放大电路输出电压 U_o',则输入电阻 r_i 可根据下式计算:

$$U_o'=\frac{r_i}{R_S+r_i}U_o$$

3. 测定基本放大电路的输出电阻 r_o

短路 R_S，接入负载 $R_L = 300\ \Omega$，测量放大电路输出电压 U''_o，则输出电阻 r_o 可根据下式计算：

$$r_o = \left(\frac{U_o}{U''_o} - 1\right) R_L$$

实验 13-3 反馈放大电路的动态性能测试

在如图 13-2 所示放大电路输入端 u_S 接入 $1\ kHz$、$5\ mV$ 的正弦交流信号，在以下测试中保持不变。连接(A)、(B)两点，加入负反馈。用示波器观察输出电压，调节 R_{F1}，使负反馈电路达到最深负反馈状态，即此时输出电压达到最小值。完成以下实验，将实验数据记录在表 13-3 中，并计算相关实验数据。

1. 测定反馈放大电路放大倍数 A_{uf}

短路 R_S，负载 R_L 不接(开路)，测量此时反馈放大电路输出电压 U_{of}，则有

$$A_{uf} = \frac{U_{of}}{U_S}$$

2. 测定输入电阻 r_{if}

接入 R_S，负载 R_L 不接(开路)，测量此时放大器输出电压 U'_{of}，则有

$$U'_{of} = \frac{r_{if}}{R_S + r_{if}} U_{of}$$

按上式即可算出输入电阻 r_{if}。

3. 测定基本放大电路的输出电阻 r_{of}

短路 R_S，接入负载 $R_L = 300\ \Omega$，测量此时放大器输出电压 U''_{of}，则有

$$r_{of} = \left(\frac{U_{of}}{U''_{of}} - 1\right) R_L$$

4. 计算反馈深度

$$反馈深度 = 1 + AF = \frac{A_u}{A_{uf}}$$

13.4.2 开放实验

实验 13-4 基市放大电路通频带的测量

电路如图 13-2 所示。在放大电路输入端 u_S 接入 $1\ kHz$、$5\ mV$ 的正弦交流信号。短路 R_S，负载 R_L 不接(开路)，断开(A)、(B)两点，即电路为基本放大电路。用示波器观察输出波形，再调节示波器的"Y 衰减"和"Y 增益"旋钮，使放大电路输出电压波形在荧光屏上的高度适宜。然后固定示波器的"Y 衰减"和"Y 增益"旋钮不变，调节信号发生器，逐渐提高放大电路输入信号的频率，直至示波器上显示的波形幅度下降为原来的 70% 为止。此时，放大电路输入信号的频率即为放大电路的上限频率 f_h。同理，保持输入信号的幅度不变，降低其频率，直至示波器上显示的波形幅度下降为原来的 70% 为止。此时，放大电路输入信号的频率即为放大电路的下限频率 f_1。将实验数据记录在表 13-4 中，并计算通频带 f_{BW}。

实验 13-5   反馈放大电路通频带的测量

电路如图 13-2 所示。在放大电路输入端 u_S 接入 1 kHz、5 mV 的正弦交流信号。短路 R_S,负载 R_L 不接(开路),连接(A)、(B)两点,即电路为负反馈放大电路。重复上述步骤,测量负反馈放大电路的 f_{hf},f_{lf},将实验数据记录在表 13-5 中,并计算通频带 f_{BWF}。

13.5   预习思考题

1. 复习负反馈放大电路的工作原理,了解不同反馈方式对放大电路放大倍数、输入电阻、输出电阻、通频带的影响。

2. 分别计算本次实验电路在无反馈和有反馈时的电压放大倍数、输入电阻和输出电阻($\beta=150$)。

13.6   分析与总结

1. 总结电压串联负反馈对放大器性能的影响,包括放大倍数、输入电阻、输出电阻和频带宽度。

2. 从电路的结构来看,如何区分串联反馈与并联反馈、电压反馈与电流反馈?

3. 在本实验中,如果要稳定输出电流、降低输入电阻,反馈支路应如何连接?

实验数据记录 13

学号：＿＿＿＿＿＿＿＿   姓名：＿＿＿＿＿＿＿＿   实验日期：＿＿＿＿＿＿＿＿

表 13-1　静态工作点实验数据

T_1 管			T_2 管		
V_{B1}/V	V_{C1}/V	V_{E1}/V	V_{B2}/V	V_{C2}/V	V_{E2}/V

表 13-2　基本放大电路的动态性能实验数据

测量值				计算值		
U_S/mV	U_o/mV	U'_o/mV	U''_o/mV	A_u	r_i/Ω	r_o/Ω
5						

表 13-3　反馈放大电路的动态实验数据

测量值				计算值		
u_S/mV	U_{of}/mV	U'_{of}/mV	U''_{of}/mV	A_{uf}	r_{if}/Ω	r_{of}/Ω
5						

表 13-4　基本放大电路通频带的测量实验数据　　　　　　单位：kHz

测量值		计算值
f_h	f_l	$f_{BW} = f_h - f_l$

表 13-5　反馈放大电路通频带的测量实验数据　　　　　　单位：kHz

测量值		计算值
f_{hf}	f_{lf}	$f_{BWF} = f_{hf} - f_{lf}$

实验 14 功率放大电路

扫码预习

14.1 实验目的

1. 理解 OTL 功率放大器的工作原理。
2. 学会 OTL 电路的调试及主要性能指标的测试方法。

14.2 预备知识

OTL 功率放大电路即无变压器耦合的功率放电电路。由于它的体积小、重量轻,又便于采用深度负反馈来改善非线性失真,因而得到了广泛的应用。

OTL 功率放大电路如图 14-1 所示,图中晶体管 T_1 为推动级(即前置放大级),T_2、T_3 是一对参数对称的 NPN 和 PNP 型的晶体三极管,它们组成互补推挽 OTL 功放电路。T_2、T_3 管采用射极输出器,具有输出电阻低、负载能力强等优点,适合于作功率输出级。T_1 管工作于甲类状态,集电极电流 I_{C1} 由电位器 R_{W1} 调节。因为静态时要求输出端中点电位 $V_B = 0.5U_{CC}$,故电位器 R_{W1} 调整位置由此而定。R_{W2} 和 T_4 构成消除交越失真电路,调节 R_{W2},则可以使 T_2、T_3 管得到合适的静态电流而工作于甲、乙类状态,以克服交越失真。

当输入正弦交流信号 u_i 时,经 T_1 放大、倒相后同时作用于 T_2、T_3 管的基极,u_i 的负半周使 T_2 管导通(T_3 管截止),有电流通过负载 R_L,同时向电容 C_5 充电;在 u_i 的正半周,T_3 管导通(T_2 管截止),则已充好电的电容 C_5 起着电源的作用,通过负载 R_L 放电。这样在 R_L 上就得到了完整的正弦波。

C_2 与 R 则构成自举电路,用于提高输出电压正半周的幅度,以得到大的动态范围。

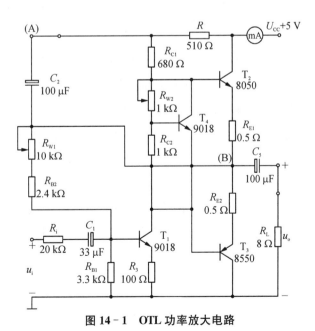

图 14-1 OTL 功率放大电路

14.3　实验设备

（1）直流稳压电源；（2）万用表；（3）低频信号发生器；（4）晶体管毫伏表；（5）示波器；（6）OTL功率放大电路实验板。

14.4　实验内容

实验 14-1　无自举电路静态工作点调整和测量

实验电路如图 14-1 所示。

1. 将 R_{W2} 的阻值调到最小（注：若 R_{W2} 的阻值过大，将使 T_2、T_3 管的静态电流过大，效率降低，甚至损坏管子），首先不采用自举电路（即不接入 C_2），检查线路无误后接通电源 U_{CC}（+6 V），缓慢调节电位器 R_{W1} 使输出端中点电位 $V_B=0.5U_{CC}=3$ V，然后测量 T_2 管集电极电流 I_{C2}。以下保持电位器 R_{W1} 位置不变。

2. 输入 1 kHz 的正弦交流信号，调整输入幅度，使输出为 0.1 V，用示波器观察输出波形的交越失真现象。

3. 保持输入信号不变，缓慢调节电位器 R_{W2}，使输出波形的交越失真现象恰好消失。除去输入信号，测量 T_2 管集电极电流 I_{C2}，此即为最佳静态工作点。记录测量值于表 14-1 中。

实验 14-2　无自举电路最大输出功率和效率的测定

实验电路如图 14-1 所示。

1. 输入 1 kHz 的正弦交流，缓慢增大调整输入信号电压幅度，用示波器观察并记录输出波形。在输出波形即将失真时，用交流毫伏表测量 R_L 上的电压 U_{omax}，计算最大输出功率 P_{omax}：

$$P_{omax}=U_{omax}^2/R_L$$

2. 测量直流电源供出的平均电流 I_{DC}，求得电源输出功率 P_V 和效率 η：

$$P_V=U_{CC} \cdot I_{DC}, \eta=P_{omax}/P_V$$

记录上述测量值于表 14-1 中，并计算相关物理量。

实验 14-3　自举电路静态工作点调整和测量

采用自举电路，即在实验电路（图 14-1）中接入 C_2，重复实验 14-1 各步骤，自拟表格记录。

实验 14-4　自举电路最大输出功率和效率的测定

采用自举电路，即在实验电路（图 14-1）中接入 C_2，重复实验 14-2 各步骤，自拟表格记录。

14.5　预习思考题

1. 阅读各项实验内容，理解有关实验原理，明确实验目的。

2. 熟悉 OTL 功率放大器的工作原理。

14.6　分析与讨论

1. 根据实验线路的数据,理论上计算该电路的静态值。
2. 画出实验中所观察到的几种输出波形。

14.7　实验注意事项

实验初始状态时,R_{W2} 必须放在最小值,否则可能损坏晶体管。

实验数据记录 14

学号：_____ 姓名：_____ 实验日期：_____

表 14 - 1 实验数据

	$I_{C2最佳}$	U_{omax}	P_{omax}	I_{DC}	P_E	η
无自举						
有自举						

实验 15　整流、滤波与稳压电路

扫码预习

15.1　实验目的

1. 掌握单相桥式整流、滤波和稳压电路的工作原理。
2. 观察整流、滤波和稳压电路的输出电压波形。
3. 测量整流、滤波与稳压电路外特性。
4. 观察负载变化和电源电压变化时整流、滤波与稳压电路的工作情况。

15.2　预备知识

电子设备所需的直流电源，一般都是由交流电网供电，经变压、整流、滤波、稳压后获得，其工作原理如图 15-1 所示。

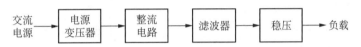

图 15-1　直流稳压电源原理图

变压器：将交流电源电压变换为符合整流需要的电压。

整流电路：把大小、方向都变化的交流电变成单向脉动的直流电。通常整流元件采用晶体二极管，因为它具有单向导电性。

滤波器：利用电抗性元件（电容、电感）的贮能作用滤除脉动直流电中的交流成分，使得输出电压波形平滑，减小整流输出电压的脉动程度，以适合负载的需要。

稳压：指当输入电压波动或负载变化引起输出电压变化时，能自动调整使输出电压维持在原值。稳压电路主要有两种，一种是并联型稳压电路，另一种是串联型稳压电路。

如图 15-2 所示是一个典型的利用二极管全波整流、电容滤波和稳压管稳压构成的直流稳压电源。由于稳压管并联在负载两端，该电路又被称为并联型稳压电路。

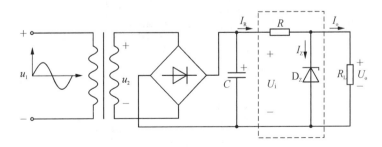

图 15-2　典型的并联型直流稳压电源原理图

从该电路可以看出，当电网电压变化，如电网电压升高时，输出电压升高，稳压管两端的电压 U_Z 升高，从而引起 I_Z 显著增加，I_R 也增加，致使 U_R 增加，由于 $U_o = U_i - U_R$，从而使 U_o 减

小。这一稳压过程可概括如下:

$$U_i \uparrow \rightarrow U_o \uparrow \rightarrow U_Z \uparrow \rightarrow I_Z \uparrow \rightarrow I_R \uparrow \rightarrow U_R \uparrow \rightarrow U_o \downarrow$$

而当负载电流变化时,如负载电流 I_o 增加,引起 I_R 增加,U_R 增加,从而使 $U_Z = U_o$ 减小,I_Z 减小。I_Z 的减小致使 I_R 减小,U_R 减小,从而使输出电压 U_o 增加。这一稳压过程可概括如下:

$$I_o \uparrow \rightarrow I_R \uparrow \rightarrow U_R \uparrow \rightarrow U_Z \downarrow (U_o \downarrow) \rightarrow I_Z \downarrow \rightarrow I_R \downarrow \rightarrow U_R \downarrow \rightarrow U_o \uparrow$$

该电路是最简单的稳压电路,应用很广泛。但输出电压不能调节,稳压精度不高,常使用于对稳压要求不高和负载电流小的电路中。

15.3　实验设备

(1) 示波器;(2) 电源变压器;(3) 万用表;(4) 整流、滤波与稳压电路实验板。

15.4　实验内容

15.4.1　必做实验

实验 15-1　负载变化对直流稳压电路外特性的影响研究

直流稳压电源的外特性是指输出电压与输出电流之间的关系。本实验的目的是用实验数据来说明外特性曲线 $U_o = f(I)$。

电路如图 15-3 所示,输入交流电压为 15 V。

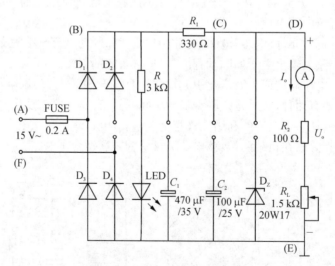

图 15-3　整流、滤波和稳压电路

1. 测量全波整流电路的外特性

在实验板上连接 D_2、D_4,而 C_1、C_2、D_Z 都不接,调节 R_L,使 I_o 按表 15-1 中数值变化,测量 U_o,记录在表 15-1 中。

2. 测量全波整流、CRC 滤波电源的外特性

D_2、D_4 保持连接,接入 C_1、C_2,而 D_Z 不接,调节 R_L,使 $I_。$按表 15-2 中数值变化,测量 $U_。$,记录在表 15-2 中。

3. 测量全波整流、CRC 滤波、稳压电源的外特性

D_2、D_4 保持连接,接入 C_1、C_2、D_Z,调节 R_L,使 $I_。$按表 15-3 中数值变化,测量 $U_。$,记录在表 15-3 中。

4. 用示波器观测并记录表 15-4 所列各项内容

画波形时注意:①各波形的对应点;②示波器的 y 轴增益旋钮调整合适后,不再改动,以使波形比较。

15.4.2 开放实验

实验 15-2 电源电压变化对直流稳压电源的影响研究

该实验可采用 Multisim 仿真软件实现或采用实际元器件搭接完成。

1. 在如图 15-3 所示的电路和电源变压器之间加入自耦调压器,如图 15-4 所示。

图 15-4 在电源和变压器间加入自耦调压器

2. 在实验板上连接 D_2、D_4,接入 C_1,断开 C_2、D_Z,调节自耦调压器,观察电路输出电压值的变化,完成表 15-5。

3. D_2、D_4 连接,接入 C_1、C_2 和 D_Z,调节自耦调压器,观察电路输出电压值的变化,完成表 15-6。

实验 15-3 晶体二极管的极性和质量判别

晶体二极管具有单向导电性,其正向电阻小(一般为几百欧)而反向电阻大(一般为几十千欧至几百千欧),利用该特点可以使用万用表对其进行极性和质量好坏判别。

(1) 二极管极性判别;

(2) 二极管质量判别。

判别方法请参见附录"常用电子元器件的判别"。

对于稳压管的极性判别可以使用相同的方法。

15.5 预习思考题

1. 阅读各项实验内容,理解有关实验原理,明确实验目的。

2. 稳压管起稳压作用的条件是什么?

3. 在整流、滤波与稳压电路中,各级输出电压的关系是什么?

15.6 分析与讨论

1. 稳压管 2CW17 的极性如果接反了,会产生什么结果?

2. 根据表 15-1、表 15-2 和表 15-3 画出电路的外特性曲线,并分析负载发生变化时,输出电压发生变化的原理。

3. 根据表 15-5 和表 15-6,分析电路的稳压范围分别是多少?

15.7 实验注意事项

1. 注意示波器探极的正确使用。
2. 使用直流仪表时,注意仪表的极性。
3. 使用自耦调压器时注意入端、出端要分清,火线、地线要分清,调节要从零开始。

实验数据记录 15

学号：＿＿＿＿＿＿＿＿　　姓名：＿＿＿＿＿＿＿＿　　实验日期：＿＿＿＿＿＿＿＿

表 15－1　全波整流电路的外特性（不接 C_1、C_2、D_Z）

I_o/mA	0（负载开路）	10	15	20	25	30
U_o/V						

表 15－2　整流、CRC 滤波电源的外特性（接 C_1、C_2，不接 D_Z）

I_o/mA	0（负载开路）	15	20	25	30	40
U_o/V						

表 15－3　整流、CRC 滤波、稳压电源的外特性（接 C_1、C_2、D_Z）

I_o/mA	0（负载开路）	10	15	20	25	30	40
U_o/V							

表 15－4　波形记录

名　称	测 试 点	波　形
变压器输出电压	Ⓐ、Ⓕ	
全波整流＋滤波＋稳压输出（接 C_1、C_2、D_Z）	Ⓓ、Ⓔ	
全波整流＋滤波输出（接 C_1、C_2，不接 D_Z）	Ⓑ、Ⓔ	
	Ⓒ、Ⓔ	

名　　称	测 试 点	波　　形
整流输出 (不接 C_1、C_2、D_Z)	①、E (断开 D_2 与 D_4 间连接， 形成半波整流)	U_{DE} ↑ ... 0 —— π —— 2π —— t
	①、E (D_2 与 D_4 间连接， 形成全波整流)	U_{DE} ↑ ... 0 —— π —— 2π —— t

表 15-5　整流、滤波电路输出变压与输入电压的关系(接 C_1,不接 C_2、D_Z)

U_i/V	170	180	190	200	210	220	230	240	250
U_o/V									

表 15-6　整流、滤波与稳压电路输出变压与输入电压的关系(接 C_1、C_2 和 D_Z)

U_i/V	170	180	190	200	210	220	230	240	250
U_o/V									

实验 16　集成直流稳压电路

扫码预习

16.1　实验目的

1. 学习集成稳压器件的特点。
2. 查阅资料,熟悉一种集成稳压电路的工作原理。
3. 自行设计、搭接一个集成直流稳压电源。

16.2　预备知识

随着半导体工艺的发展,出现了稳压电路集成器件。集成稳压器件具有体积小、可靠性高和使用方便等优点,下面介绍输出电压固定式三端稳压器件。

1. 三端固定集成稳压器的特点

三端固定集成稳压器包含 78XX 和 79XX 两大系列。78XX 系列输出正电压,79XX 系列输出负电压。型号的末尾两位数字表示输出电压值。如型号为 7805、7905 的三端集成稳压器,输出电压分别为 5 V 和 −5 V。三端固定集成稳压器的最大特点是稳压性能良好,外围元件简单,安装调试方便,价格低廉,现已成为集成稳压器的主流产品。

2. 三端固定集成稳压器封装形式

根据集成稳压器本身功耗的大小,三端固定集成稳压器封装形式分为塑料封装和金属壳封装,两者的最大功耗分别为 10 W 和 20 W(加散热器),如图 16−1 所示。塑料封装式集成稳压器管脚排列如图 16−2 所示。79XX 与 78XX 的外形相同,但管脚排列顺序不同,78XX 系列的三个管脚的电位关系为 $U_i > U_o > U_{GND}(0\ V)$。其中,$U_i$ 为输入端,U_o 为输出端,GND 是公共端(地)。79XX 系列的三个管脚的电位关系为 $U_{GND}(0\ V) > -U_o > -U_i$。

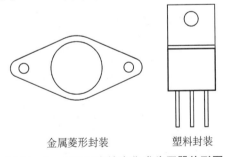

金属菱形封装　　　塑料封装

图 16−1　三端固定输出集成稳压器外形图

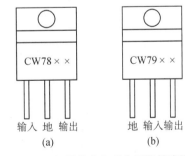

输入　地　输出　　　地　输入输出

(a)　　　　　　(b)

图 16−2　塑料封装式集成稳压器管脚排列图

3. 稳压器输入电压值的确定

为了使稳压器工作在最佳状态及获得理想的稳压指标,输入电压也有最小值的要求。在确定输入电压 U_i 时,通常考虑如下因素:稳压器输出电压 U_o,稳压器输入和输出之间的最小压差 $(U_i - U_o)_{min}$,稳压器输入电压的纹波电压 U_{RIP},电网电压的波动引起的输入电压的变化 ΔU_i。U_{RIP} 一般取 U_o、$(U_i - U_o)_{min}$ 之和的 10%,ΔU_i 一般取 U_o、$(U_i - U_o)_{min}$、U_{RIP} 之和的 10%。例如对于输出为 5 V 的集成稳压器,其最小输入电压 U_{imin} 为

$$U_{\text{imin}} = U_o + (U_i - U_o)_{\text{min}} + U_{\text{RIP}} + \Delta U_i = 5 + 2 + 0.7 + 0.77 \approx 8.5 \text{ V}$$

对于 78XX 和 79XX 系列三端集成稳压器,输入输出端最小压差一般为 3~5 V 时,稳压器具有较好的稳压输出特性。当输出电流大于 300 mA 时,稳压器需另接散热片。

4. 集成稳压电源主要性能指标

集成稳压电源使用时主要考虑以下性能指标。

(1) 输出电压 U_o。

(2) 最大负载电流 I_o。

(3) 输出电阻 R_o:当输入电压不变时,由负载变化引起的输出电压的变化量与输出电流变化量之比,即

$$R_o = \frac{\Delta U_o}{\Delta I_o}\bigg|_{U_i = 常数}$$

(4) 稳压系数:当负载保持不变时,输出电压相对变化量与输入电压相对变化量之比,即

$$S = \frac{\dfrac{\Delta U_o}{U_o}}{\dfrac{\Delta U_i}{U_i}}\bigg|_{R_L = 常数}$$

(5) 输出纹波电压:在额定负载条件下,输出电压中所含交流分量的有效值(或峰值)。

5. 集成稳压器典型应用实例

(1) 单电压输出电路

三端固定集成稳压器的典型应用电路如图 16-3 所示。图 16-3(a)适合 78XX 系列,U_i、U_o 均是正值;图 16-3(b)适合 79XX 系列,U_i、U_o 均是负值;其中 U_i 是整流滤波电路的输出电压。在靠近三端集成稳压器输入、输出端处一般要接入电容 C_1、C_2 和 C_3。其中,C_1 是高频脉冲旁路电容,C_2 是改善输出瞬变特性电容,C_3 是滤波电容。全波整流时,C_3 的取值按 $R_L C_3 \geqslant (3 \sim 5)\dfrac{T}{2}$ 求取。为了获得最佳的效果,电容器应选用频率特性好的陶瓷电容。有时为了减小输出电压的纹波,还可以在集成稳压器的输出端并联一个几百微法的电解电容 C_o,C_o 取值一般为 C_3 值的十分之一。

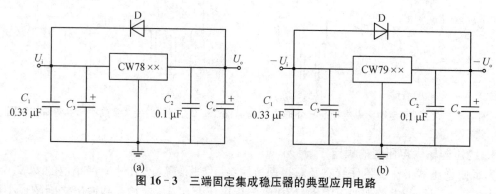

图 16-3 三端固定集成稳压器的典型应用电路

三端固定集成稳压器内部具有完善的保护电路,一旦输出发生过载或短路,可自动限制器件内部的结温不超过额定值。但若器件使用条件超出其规定的最大限制范围或应用电路设计处理不当,也是要损坏器件的。例如当输出端接比较大电容时 $(C_o > 25 \mu\text{F})$,一旦稳压器的输

入端出现短路,输出端电容器上储存的电荷将通过集成稳压器内部调整管的发射极——基极PN结泄放电荷,因大容量电容器释放能量比较大,故也可能造成集成稳压器损坏。为防止这一点,一般可在稳压器的输入和输出之间跨接一个二极管(图 16-3),稳压器正常工作时,该二极管处于截止状态,当输入端突然短路时,二极管为输出电容器 C_o 提供泄放通路。

(2) 输出正负电压的稳压电路

当需要同时输出正、负两组电压时,可选用正负两块稳压器。例如利用 CW7812 和 CW7912 集成稳压器,可以非常方便地组成 ± 12 V 输出的稳压电源,其电路如图 16-4 所示。该电源仅用了一组整流电路,节约了成本。

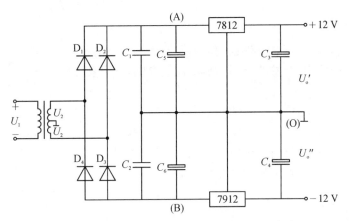

图 16-4　三端集成稳压器构成的直流稳压电路

图 16-4 中,U_1 为 220 V 交流输入,U_2 为 15 V 交流输出;D_1、D_2、D_3、D_4 为四个 IN4007 二极管组成桥式整流,C_5、C_6 可选 2200 μF/25 V 的电解电容;C_1、C_2 可选 0.33 μF/63 V 电容;C_3、C_4 可选用 0.1 μF/63 V 的电解电容。

16.3　实验设备

(1) 变压器;(2) 示波器;(3) 万用表;(4) 交流毫伏表;(5) 稳压块、二极管、电容等元器件。

16.4　实验内容

本实验为设计型实验,要通过查阅资料,自行设计并实现一个小功率直流稳压电路。设计要求如下:

(1) 输入交流电压 220 V $\pm 10\%$, $f = 50$ Hz;

(2) 输出直流电压 $U_o = \pm 12$ V $\pm 2\%$;

(3) 输出电流 $\leqslant 300$ mA (不带散热器);

(4) 输出电阻 $\leqslant 0.1$ Ω。

实验步骤:

(1) 按设计题目查阅资料,设计电路,画出电路图,给出电路中元器件的型号和参数。

(2) 组装电路并调试,若测试结果不满足设计要求,一方面自行检查线路,排除故障;另一方面重新调整电路参数,达到设计要求。

(3) 测试:

① 参考图 16-4,电路接好后在(A)点处断开,观察并记录 U_A 的波形,测量其大小,然后接

通(A)点后面的电路,观察 U_o' 的波形并测量其大小;

② 参考图 16-4,电路接好后在(B)点处断开,观察并记录 U_B 的波形,测量其大小,然后接通(B)点后面的电路,观察 U_o'' 的波形并测量其大小;

③ 在 U_1 两端接入调压器,调节调压器,使 U_1 按 220 V±10% 变化,观察输出电压 U_o'、U_o'' 的变化;

④ 在 U_o' 两端或 U_o'' 两端接入负载,改变负载(负载支路电流在 0~300 mA 范围内变化),观察输出电压的变化。

(4) 写出设计和测试报告,包括设计方案、电路图、参数计算和选择、测试结果和实验心得。

16.5 预习思考题

1. 阅读各项实验内容,理解有关实验原理,明确实验目的。
2. 查找 7912 和 7812 器件的资料和典型应用电路,学习器件的使用。

16.6 分析与讨论

1. 撰写设计和测试报告,列表整理所测的实验数据,绘出所观测到的各部分波形。
2. 分析所测的实验结果与理论值的差别,分析产生误差的原因。
3. 简要叙述实验中所发生的故障及排除方法。

16.7 实验注意事项

1. 注意电解电容的极性和耐压值。
2. 设计时需注意稳压器输入端和输出端之间的最小压差,以及稳压器的最大输出电流值。
3. 不同型号、不同封装的集成稳压器的管脚定义不同,使用时一定要先查手册。

实验 17　可控半波整流及交流调压电路

17.1　实验目的

1. 掌握单结晶体管触发电路的工作原理及各元件的作用。
2. 以晶闸管灯光控制电路为例,学习可控整流和交流调压电路的实现方法。
3. 学习用万用表检查晶闸管的方法。

17.2　预备知识

1. 晶闸管

晶闸管(Silicon Controlled Rectifier,SCR),又名可控硅,是在晶体管基础上发展起来的一种大功率半导体器件。它的出现使半导体器件的应用由弱电领域扩展到强电领域。晶闸管也像半导体二极管那样具有单向导电性,但它的导通时间是可控的,主要用于整流、逆变、调压及开关等方面。

晶闸管是一种 PNPN 四层三端的功率半导体器件,相当于 PNP 和 NPN 型两个晶体管的组合,如图 17-1 所示。

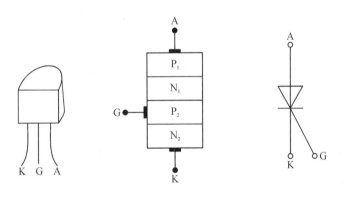

图 17-1　晶闸管外观、等效图和符号图

晶闸管具有三个极:阳极(A)、阴极(K)和控制极(G)。晶闸管的导通必须同时具备两个条件:①阳极与阴极之间加正向电压;②控制极与阴极之间加正向电压。

晶闸管正向导通程度受控制极触发脉冲控制。晶闸管一旦导通,控制极脉冲就失去作用。

要使晶闸管阻断(截止),必须具备下列三个条件之一:切断阳极电源、阳极电压反向或将阳极电流减小到某一数值以下。

2. 单结晶体管

单结晶体管的外形很像晶体三极管,它也有三个电极,即发射极 E、第一基极 B_1、第二基极 B_2,因为有两个基极,故又叫双基极二极管。因为只有一个 PN 结,所以又称为单结晶体管。其电路符号、等效电路和外形如图 17-2 所示。

利用单结晶体管和电阻、电容可以构成振荡电路,向晶闸管控制极提供触发脉冲。通过控制触发脉冲的出现时间,可以控制晶闸管的导通角,从而实现可控整流或者交流调压。

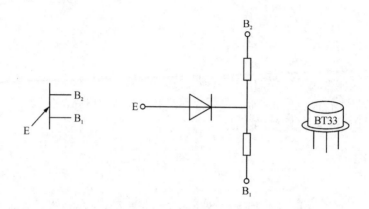

图 17 - 2   单结晶体管符号、等效图和外观图

3. 晶闸管可控整流和交流调压

以单向晶闸管代替整流电路中的二极管,由单结晶体管振荡电路产生触发脉冲,构成晶闸管可控整流电路,如图 17 - 3 所示。该电路通过控制触发脉冲出现的时间,控制单向晶闸管的导通角,从而把交流电变换为电压值可以调节的直流电。

交流调压电路采用双向晶闸管,同样通过控制晶闸管的导通角,可以将正弦交流电变成大小可调的交流电。

晶闸管的特点是以弱控强,它只需功率很小的信号(几十到几百毫安的电流,$2 \sim 3$ V 的电压)就可控制大电流、大电压的通断。因而它是一个电力半导体器件,可被应用于强电系统。

17.3   实验设备

(1) 电源变压器;(2) 示波器;(3) 可控硅电路板;(4) 白炽灯。

17.4   实验内容

实验 17 - 1   晶闸管可控整流电路

1. 实验电路如图 17 - 3 所示。

2. 连接主电路和触发电路:将(X)与(O)连接,(D)与(E)连接。

3. 可控整流电路:将(X)与(1)连接,接通电源,调节 100 kΩ 的电位器 R_W,观察白炽灯的亮度是否变化,如有变化,说明线路能正常工作,否则切断电源后检查线路。

4. 测绘触发电路波形:线路正常工作后,切断主电路(拔去灯泡),用示波器观察图 17 - 3 中测试点 U_{AO}、U_{BO}、U_{CO}、U_{EO} 的波形,并把它们描绘下来,记录在图 17 - 4 中。

5. 测绘主电路负载波形:将主电路接通(灯泡插上),用示波器观察灯泡 R_L 上的波形 U_{GF},即通过可控硅的电压波形,记录在图 17 - 4 中。

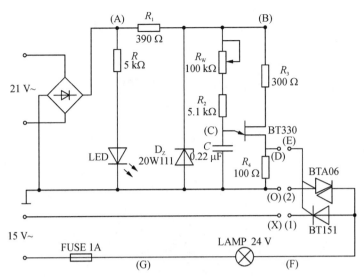

图 17 - 3　可控硅整流和调压电路

实验 17 - 2　晶闸管交流调压电路

1. 实验电路如图 17 - 3 所示。
2. 连接主电路和触发电路：将(X)与(O)连接，(D)与(E)连接。
3. 交流调压电路：(X)与(2)连接，用示波器再次观察 R_L 上的波形 U_{GF}，并绘制在图 17 - 4 中。

17.5　预习思考题

1. 阅读各项内容，理解有关实验原理，明确实验目的。
2. 根据电路图，估计 U_{AO}、U_{BO}、U_{CO}、U_{EO} 及 U_{GF} 的波形。
3. 思考为什么调节电位器 R_W 可以调节灯光亮度，若 R_W 变小，灯变亮还是变暗？
4. 在该实验中，稳压管起什么作用？ 在稳压管两端是否可以并接电解电容 C？

17.6　分析与讨论

1. 整理实验结果，画出实验要求的各点波形。
2. 由实验结果分析可控硅调光的物理过程。
3. 在可控半波整流和交流调压电路中，如果要测量负载两端电压，分别应该用电压表的哪个挡？

17.7　实验注意事项

示波器的接地端应和实验线路的接地端(O)连接在一起。

实验数据记录 17

学号：_____ 姓名：_____ 实验日期：_____

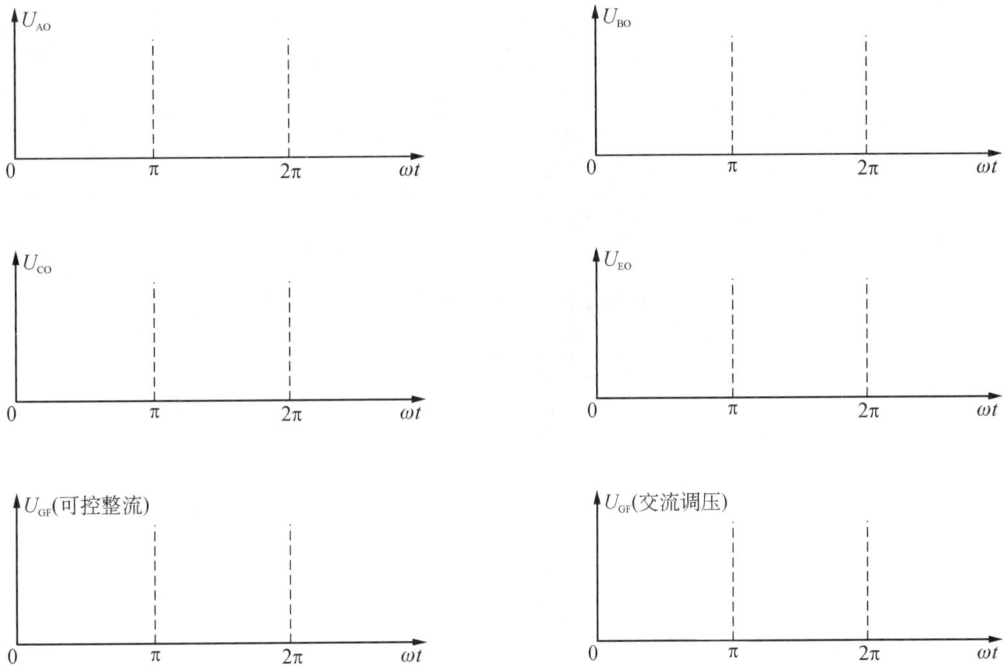

图 17-4　测绘波形图

注意:绘图时,在 0～π 内,画 2～3 次充放电为好。请特别注意各波形的对应点。

实验 18　集成运算放大器的应用(一)

18.1　实验目的

1. 了解集成运算放大器的性能和基本使用方法。
2. 利用集成运算放大器构成基本线性应用电路:比例器、跟随器、加法器和减法器。
3. 掌握比例器、跟随器、加法器和减法器的工作原理和调试方法。

18.2　预备知识

1. 集成运算放大器简介

集成电路是在半导体晶体管制造工艺的基础上发展起来的新型电子器件,它将晶体管和电阻、电容等元件同时集成在一块半导体硅片上,并按需要连接成具有某种功能的电路,然后加外壳封装成一个电路单元。

集成运算放大器是集成电路中常见的器件,是一个具有两个不同相位的输入端和高增益的直流放大器。因其具有高输入电阻、低输出电阻和高共模抑制比等特点,现已得到广泛应用。

常用的集成运算放大器有单运放 μA741(LM741、CP741 等均属同一型号产品)、双运放 μA747、四运放 μA324 等。不同型号的运放管脚功能不一样,使用时需根据产品说明书查明各管脚的具体功能。例如 741 有金属圆壳封装,也有双列直插式封装。其管脚排列与定位点如图 18-1 和图 18-2 所示。其中金属圆壳封装定位点对准最后一只脚,而双列直插式封装管脚编号通常是从正面左下端参考标志开始按逆时针顺序依次为 1,2,3,…,8。

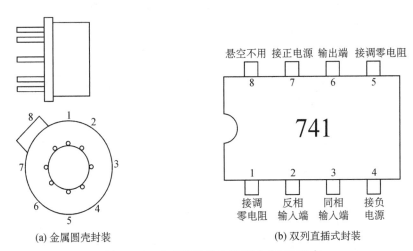

(a) 金属圆壳封装　　　　(b) 双列直插式封装

图 18-1　集成运放 741 封装形式与定位点

2. 运算放大器的引脚

运算放大器在电路图中通常只画出三个引脚,即同相输入端、反相输入端和输出端。其他引脚通常不画出来。但实际应用中需要注意运算放大器还有电源引脚(一般有正负电源)和公共端,有的还有调零端,如图 18-1(b)所示。

3. 运算放大器调零

运算放大器电路是由多级直接耦合的放大电路所组成的高放大倍数的多级放大器。为了抑制零点漂移,通常运算放大器第一级采用差分电路结构,但是由于制造工艺的原因,差分电路中的元器件参数很难保证完全对称。这样当输入信号为零时,电路输出信号通常不为零,形成"假信号"。当放大电路输入放大信号后,这个假信号伴随放大信号共存于放大电路,互相纠缠,难以分辨。因此,运算放大器在使用前要调零。

4. 运算放大器的线性应用

集成运算放大器既可以工作在线性区,也可以工作在非线性区(饱和区)。由于集成运放开环电压放大倍数非常高,一旦做开环应用,它必然工作在饱和区。为了使运算放大器工作在线性区,必须引入深度负反馈。当集成运放工作在线性区时,在外部反馈网络的配合下,输出信号和输入信号之间可以灵活地实现各种特定的函数关系。其输入与输出间的运算关系取决于反馈电路的结构和参数,而与运算放大器本身的参数无关。

18.3　实验设备

(1) 直流稳压电源;(2) 万用表;(3) DC 信号源电路板;(4) 集成运算放大电路板。

18.4　实验内容

18.4.1　必做实验

实验 18-1　正负电源的产生

为了给运算放大器提供±15 V 双路工作电源,调节稳压电源双路输出旋钮,使稳压电源的双路输出Ⅰ和Ⅱ均为 15 V。关闭电源,将Ⅰ路的负极端子和Ⅱ路的正极端子连接,并与电路板的公共地 O 连接,如图 18-2 所示。此时,Ⅰ路的正极端子输出电压为+15 V,Ⅱ路的负极端子输出电压为-15 V,关闭电源待用。

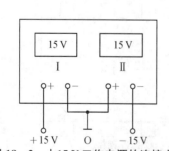

图 18-2　±15 V 工作电源的连接方法

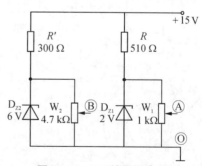

图 18-3　DC 信号源电路

实验 18-2　输入信号的产生

为了给运算放大电路提供信号,DC 信号源产生电路如图 18-3 所示。在图 18-3 中,调节可调电阻 W_1,U_{AO} 可以从 0 V 变到 2 V 左右;调节可调电阻 W_2,U_{BO} 可以从 0 V 变到 6 V 左右。U_{AO}、U_{BO} 就是运算放大器电路所需的输入信号,其大小可以由万用表直流电压挡测量。

注意:在使用时,DC 信号源电路板上的 Ⓞ点必须与集成运算放大电路板上的 Ⓞ点连接。

实验 18-3 运算放大器的调零

集成运算放大器电路如图 18-4 所示。

741 运算放大器在使用之前首先要调零。即在输入信号为零时,调节外接可调电位器 W_3,使放大器的输出 U_o 为零。运算放大器的调零步骤如下:

(1) 将实验 18-1 中调节好的±15 V 双路工作电源分别加到集成运放的 7 和 4 脚,我们将此时的电路连线状态称为"初始状态"。

(2) 将运算放大器同相输入和反相输入端(即实验板上④、⑤点)接地,使输入信号为零。

(3) 调节 W_3,使 $U_o=0$。为了保证调零准确,选用万用表的直流电压小量程挡测量 U_o。

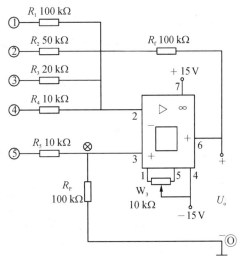

图 18-4 集成运算放大器电路图

(4) 调节完成后,W_3 应保持不变。在以后的实验中,若动过 W_3,则需要重新调零。

(5) 恢复运算放大器同相输入和反相输入端(即实验板上④、⑤点)为初始状态(不接地)。

实验 18-4 运算放大器的线性应用电路

运算放大器的线性应用电路包括反相比例运算、跟随器,反相加法器和减法器四个实验。实验电路如图 18-4 所示。

1. 反相比例运算电路和"虚地"电位的测量

用作反相比例运算时,集成运放在反相输入方式下工作。实验要求测量输入输出电压之间的对应关系以及测量"虚地"电位。

(1) 在反相比例运算电路中,同相输入端⑤接地,反相输入端④与图 18-3 中 DC 信号源的Ⓐ点相连接。

(2) 按表 18-1 的要求调节 W_1,使输入电压 U_i 从 0 V 到 1 V 变化,用万用表测量 U_o 的数值,记入表 18-1 内。

(3) "虚地"电位的测量:在 $U_i=1$ V 时,用万用表的直流挡测集成运放反相输入端(管脚 2)对地的电压 $U=$_____。

(4) 电路恢复到初始状态。

2. 电压跟随器

用作电压跟随器时,集成运放在同相输入方式下工作,反馈电阻为零。实验要求测量输入输出电压之间的对应关系。

(1) 将图 18-4 中的反馈电阻 R_f 短路。

(2) 输入端④接地,⊗端接 DC 信号源Ⓐ点,调节 W_1,使 U_i 从 0 V 到 1 V 变化,测出相应的输出电压 U_o,记入表 18-2。当 U_i 大于 1 V 时,⊗端接 DC 信号源Ⓑ点,调节 W_2,使 U_i 从

2 V 到 3 V 变化,继续测出相应的输出电压 U_o,并记入表 18 - 2。

（3）电路恢复到初始状态。

3. 反相加法运算电路

用作加法运算电路时,集成运放通常工作在反相输入模式下,有多路信号从反相端输入。本实验要求测量 U_{i1}、U_{i2} 和 U_{i3} 单独作用时输入输出电压之间的对应关系,以及验证多路输入时的输出电压 U_o 与 U_{i1}、U_{i2} 和 U_{i3} 单独作用时输出电压 U_{o1}、U_{o2} 和 U_{o3} 之间的关系。

（1）单路信号输入:在输入端点①、②和③分别加入输入信号 $U_i = 1$ V,测出相应的 U_o 值,有关数据填入表 18 - 3 中。

（2）多路信号输入:在输入端点①、②和③同时加入输入信号 $U_i = 1$ V,测量 U_o 值,有关数据填入表 18 - 3 中。

（3）电路恢复到初始状态。

4. 减法运算

用作减法运算电路时,集成运放正反相端均有信号输入。本实验要求测量输入输出电压之间的对应关系,以及验证双路信号输入时的输出电压 U_o 与 U_{i1}、U_{i2} 单独作用时输出电压 U_{o1}、U_{o2} 之间的关系。

（1）反相端信号输入:⑤点接地,④点和图 18 - 3 中 DC 信号源的 Ⓐ 点连接,调节 W_1,使④点的输入电压 $U_{i1} = 0.5$ V,测量 U_o,记录在表 18 - 4 中。

（2）同相端信号输入:④点接地,⑤点和图 18 - 3 中 DC 信号源的 Ⓑ 点连接,调节 W_2,使⑤点的输入电压 $U_{i2} = 1$ V,测量 U_o,记录在表 18 - 4 中。

（3）双路信号输入:将⑤点和图 18 - 3 中 DC 信号源的 Ⓑ 点连接;④点和 Ⓐ 点连接,测量 U_o,记录在表 18 - 4 中。

18.4.2　开放实验

实验 18 - 5　设计一个运算放大器电路

本实验为设计型实验。

给出一块 F007,若干电阻,请设计能实现如下运算的电路:

$$U_o = 2(U_{i1} - U_{i2})$$

通过实验验证设计的正确性。将设计图及方案交给指导老师审查后,方可进行实验。

18.5　预习思考题

1. 阅读各项实验内容,理解有关实验原理,明确实验目的。

2. 按本次实验电路图,从理论上分析运算放大器作为反相比例运算、跟随器、反相加法器和减法器时输出与输入电压之间的关系,填入表 18 - 5 中。

3. 运用叠加原理,从理论上计算本次实验中反相加法电路和减法电路的输出电压。

4. 为什么反相输入电路中,反相输入端会出现"虚地"?

18.6　分析与讨论

1. 运算放大器为什么要调零?

2. 将反相比例运算、跟随器、反相加法器和减法器电路的实验结果和预习思考题中的理论分析结果相比较。

3. 根据反相加法器和减法器电路分析双端输入电路与单端输入电路之间的关系。

18.7　实验注意事项

1. 注意±15 V 电源的接法。

2. 在使用时,DC 信号源产生电路板上的 ⓞ点必须与集成运算放大电路板上的 ⓞ点连接。

3. 注意集成运放各引脚的使用。

实验数据记录 18

学号：＿＿＿＿＿＿＿　　　姓名：＿＿＿＿＿＿＿　　　实验日期：＿＿＿＿＿＿＿

表 18-1　反相比例运算电路数据记录表

U_i/V	0	0.1	0.2	0.3	0.5	1.0
U_o/V						

表 18-2　电压跟随器数据记录表

U_i/V	0	0.3	0.5	1.0	1.5	3
U_o/V						

表 18-3　加法运算电路数据记录表

U_i/V	$U_{i1} = 1\ V$ U_{i2}、U_{i3} 不接	$U_{i2} = 1\ V$ U_{i1}、U_{i3} 不接	$U_{i3} = 1\ V$ U_{i2}、U_{i1} 不接	$U_{i1} = U_{i2} = U_{i3} = 1\ V$
U_o/V				

表 18-4　减法电路数据记录表

U_i/V	$U_{i1} = 0.5\ V$	$U_{i2} = 1\ V$	$U_{i2} = 1\ V$, $U_{i1} = 0.5\ V$
U_o/V			

表 18-5　输出与输入电压的关系

	U_o 与 U_i 的关系
反相比例运算	
跟随器	
反相加法器	
减法器	

实验 19　集成运算放大器的应用（二）

19.1　实验目的

1. 掌握运放构成电压比较器电路的方法及熟悉电路特点。
2. 学会测试电压比较器的方法。

19.2　预备知识

电压比较器用于判断输入电压的大小。集成运放用作电压比较器时常工作于开环或正反馈状态，此时，输入与输出不是线性关系。电压比较器常用于波形变换或控制电路。

1. 单限电压比较器

单限电压比较器的电路如图 19-1 所示。信号 U_i 从运算放大器的反相端输入，参考电压 U_R 从运放的同相端输入。当 $U_i > U_R$ 时，输出电压 U_o 等于负饱和电压 $-U_m$，当 $U_i < U_R$ 时，输出电压 U_o 等于正饱和电压 $+U_m$。其电压传输特性曲线如图 19-2 所示。

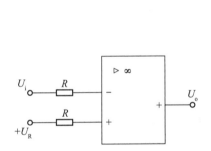

图 19-1　单限电压比较器

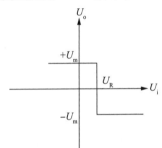

图 19-2　单限比较器电压传输特性曲线

2. 迟滞电压比较器

对于单限电压比较器，如果 U_i 恰好在阈值附近由于零点漂移的存在，U_o 将不断由一个极值转换到另一个极限值，这种波动在控制系统中，对执行机构将是不利的。为此，就需要输出特性具有迟滞特性。

图 19-3 所示为具有迟滞作用的电压比较器。图中，反馈电阻 R_f 连接在同相输入端，形成正反馈电路，用于加速比较器的翻转过程。

当放大器处于正饱和状态时，输出电压 $U_o = +U_m$，此时

$$U_+ = \frac{R_2}{R_2 + R_f} U_m = U_{T+}$$

式中，U_{T+} 称为上阈值。当 $U_i > U_{T+}$ 时，U_o 由 $+U_m$ 翻转为 $-U_m$，此时

$$U_+ = -\frac{R_2}{R_2 + R_f} U_m = U_{T-}$$

式中，U_{T-} 称为下阈值。当 $U_i < U_{T-}$ 时，U_o 由 $-U_m$ 翻转为 $+U_m$。其电压传输特性曲线如图 19-4 所示。其中，$U_{T+} - U_{T-}$ 称为回差，小于回差的干扰不引起放大器的翻转。

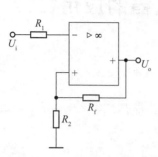

图 19-3　迟滞电压比较器

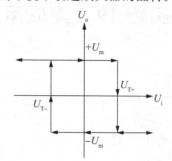

图 19-4　迟滞比较器电压传输特性曲线

19.3　仪器设备

（1）直流稳压电源；（2）万用表；（3）DC 信号源电路板；（4）集成运算放大电路板；（5）函数信号发生器；（6）示波器。

19.4　实验内容

实验 19-1　单限电压比较器

1. 按图 19-5 连接电路，集成运放 LM741 供电电压 ± 12 V，由稳压电源提供。

2. 实验所需 DC 信号源产生电路如图 19-6 所示。将 Ⓐ 点接入运放同相输入端，调节可调电阻 R_1，产生直流参考电压 $U_R = 1$ V；将 Ⓑ 点接入运放反相输入端，调节可调电阻 R_2，分别产生 0.5 V 和 2 V 的直流信号，根据表 19-1 要求测量输出电压 U_o 并记录。

3. 在 U_i 接入频率为 500 Hz，幅值为 2 V 的正弦信号，用示波器观察 U_i、U_o 波形，按图 19-7 绘制波形。

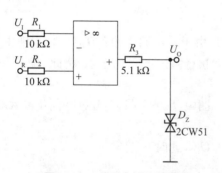

图 19-5　单限电压比较器

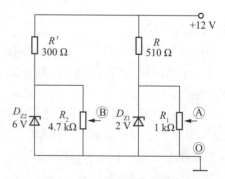

图 19-6　DC 信号源电路

注意：在使用时，DC 信号源电路板上的 Ⓞ 点必须与集成运算放大电路板上的 Ⓞ 点连接。

实验 19-2　迟滞电压比较器

1. 按图 19-8 连接电路，集成运放 LM741 供电电压 ± 12 V，由稳压电源提供。

2. 在 U_i 接入频率为 500 Hz,幅值为 2 V 的正弦信号,用示波器观察 U_i , U_o 的波形,并绘制在图 19 - 7 中。

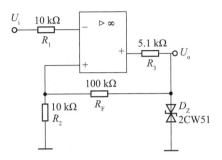

图 19 - 8　迟滞电压比较器电路图

19.5　预习思考题

根据实验数据,计算迟滞电压比较器的 U_{T+} , U_{T-} 以及回差。

19.6　分析与讨论

总结单限电压比较器和迟滞电压比较器的特点,阐明它们的应用。

19.7　实验注意事项

1. 注意 ± 12 V 电源的接法。
2. 注意集成运放各引脚的使用。

实验数据记录 19

学号：＿＿＿＿＿＿＿　　　姓名：＿＿＿＿＿＿＿　　　实验日期：＿＿＿＿＿＿＿

表 19 - 1　单限电压比较器数据记录表

U_i/V	0.5	2
U_o/V		

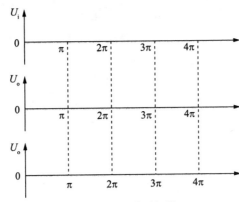

图 19 - 7　波形记录

实验 20　组合逻辑电路

20.1　实验目的

1. 熟悉 TTL 与非门的外形及管脚排列。
2. 掌握 TTL 门电路逻辑功能的测试方法。
3. 熟悉与非门主要逻辑功能的应用。
4. 了解译码器的工作原理。
5. 掌握中规模译码器的逻辑功能和使用方法。

20.2　预备知识

1. 组合逻辑电路的设计步骤

组合逻辑电路是将一些常用的逻辑门电路(如:与门、或门、与非门等)按一定的逻辑规则组合起来,以实现各种逻辑功能的逻辑电路。其设计步骤如下:

(1) 根据设计需求列出逻辑状态表(真值表);

(2) 按照列出的逻辑状态表写出逻辑表达式;

(3) 用逻辑代数法则或卡诺图进行化简以求出最简逻辑表达式,必要时还需要进行逻辑变换;

(4) 根据最终的逻辑表达式画出逻辑电路图;

(5) 用集成逻辑门电路构成实际的组合逻辑电路,并测试验证其正确性。

2. 译码器及译码显示电路

(1) 74HC138 三线-八线译码器

74HC138 是一种典型的二进制全译码器,在数字电路中应用比较广泛。74HC138 功能表如表 20 - 1 所示。

表 20 - 1　74HC138 译码器逻辑功能表

输　入						输　出							
E_3	$\overline{E_2}$	$\overline{E_1}$	A_2	A_1	A_0	$\overline{Y_0}$	$\overline{Y_1}$	$\overline{Y_2}$	$\overline{Y_3}$	$\overline{Y_4}$	$\overline{Y_5}$	$\overline{Y_6}$	$\overline{Y_7}$
$\times$	1	$\times$	$\times$	$\times$	$\times$	1	1	1	1	1	1	1	1
$\times$	$\times$	1	$\times$	$\times$	$\times$	1	1	1	1	1	1	1	1
0	$\times$	$\times$	$\times$	$\times$	$\times$	1	1	1	1	1	1	1	1
1	0	0	0	0	0	0	1	1	1	1	1	1	1
1	0	0	0	0	1	1	0	1	1	1	1	1	1
1	0	0	0	1	0	1	1	0	1	1	1	1	1
1	0	0	0	1	1	1	1	1	0	1	1	1	1
1	0	0	1	0	0	1	1	1	1	0	1	1	1
1	0	0	1	0	1	1	1	1	1	1	0	1	1
1	0	0	1	1	0	1	1	1	1	1	1	0	1
1	0	0	1	1	1	1	1	1	1	1	1	1	0

（2）七段显示译码器 74HC248

七段显示译码器 74HC248 是一种与共阴极数字显示器配合使用的集成译码器,其功能为将输入的 4 位二进制代码转换成显示器所需要的七个段信号 $a \sim g$。74HC248 的逻辑功能见表 20-2。

表 20-2 74HC248 逻辑功能表

十进制或功能	输入						$\overline{BI}/\overline{RBO}$	输出						
	$\overline{LT}$	$\overline{RBI}$	D	C	B	A		a	b	c	d	e	f	g
0	1	1	0	0	0	0	1	1	1	1	1	1	1	0
1	1	×	0	0	0	1	1	0	1	1	0	0	0	0
2	1	×	0	0	1	0	1	1	1	0	1	1	0	1
3	1	×	0	0	1	1	1	1	1	1	1	0	0	1
4	1	×	0	1	0	0	1	0	1	1	0	0	1	1
5	1	×	0	1	0	1	1	1	0	1	1	0	1	1
6	1	×	0	1	1	0	1	1	0	1	1	1	1	1
7	1	×	0	1	1	1	1	1	1	1	0	0	0	0
8	1	×	1	0	0	0	1	1	1	1	1	1	1	1
9	1	×	1	0	0	1	1	1	1	1	1	0	1	1
10	1	×	1	0	1	0	1	0	0	0	1	1	0	1
11	1	×	1	0	1	1	1	0	0	1	1	0	0	1
12	1	×	1	1	0	0	1	0	1	0	0	0	1	1
13	1	×	1	1	0	1	1	1	0	0	1	0	1	1
14	1	×	1	1	1	0	1	0	0	0	1	1	1	1
15	1	×	1	1	1	1	1	0	0	0	0	0	0	0
灭灯	×	×	×	×	×	×	0(入)	0	0	0	0	0	0	0
灭零	1	0	0	0	0	0	1	0	0	0	0	0	0	0
灯测试	0	×	×	×	×	×	1	1	1	1	1	1	1	1

（3）译码显示电路

译码显示电路原理如图 20-1 所示。显示译码器采用 74H248,数码管采用共阴极半导体数码管 LC5011-11。LC5011-11 共阴极数码管内部实际上是一个八段发光二极管负极连在一起的电路。当在 $a \sim g$、DP 段加上正向电压时,发光二极管亮。例如,显示二进制数 1001（即十进制数 9）,应使显示器的 $a , b , c , d , e , f , g$ 段加上高电平即可。

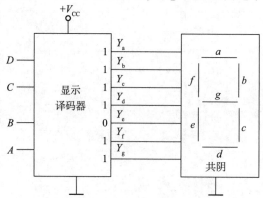

图 20-1 译码显示电路原理图

20.3 实验设备

（1）数字逻辑实验箱；

（2）集成电路芯片：74LS00、74LS20、74HC138、LC5011 – 11、74HC248。

图 20 – 2～图 20 – 6 分别给出了本次实验中用到的集成电路的电路结构及引脚排列图。

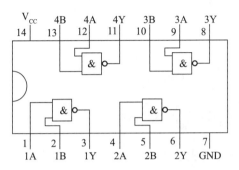

图 20 – 2　74LS00 的电路结构和引脚排列图

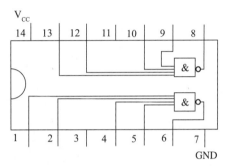

图 20 – 3　74LS20 的电路结构和引脚排列图

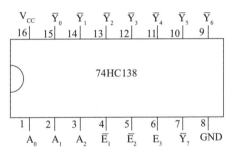

图 20 – 4　74HC138 引脚排列图

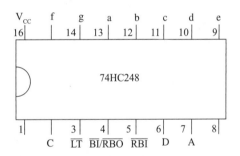

图 20 – 5　74HC248 引脚排列图

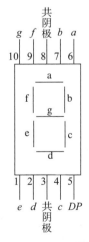

图 20 – 6　LC5011 – 11 引脚排列图

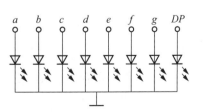

图 20 – 7　LC5011 – 11 内部原理图

20.4　实验内容

20.4.1　必做实验

实验 20-1　与非门 74LS00 逻辑功能的测试

1. 如图 20-8 所示。输入信号 A、B 的电平由逻辑开关控制,与非门 74LS00 的两个输入端接逻辑开关。按表 20-3 调节输入端 A、B 的逻辑电平,用万用表测量输出电平,结果填入表 20-3。

图 20-8　与非门逻辑功能的测试

实验 20-2　多数表决器

用二输入与非门 74LS00 和四输入与非门 74LS20 实现一个多数表决器。如图 20-9 所示。A、B、C 为三个输入端,Y 为输出端。A、B、C 为三个输入信号的电平由逻辑开关控制,输出端 Y 接 LED 发光二极管。

自行调节逻辑开关,当输入 A、B、C 中"0"状态多于"1"状态时,发光二极管不亮,表示输出 Y 为"0",多数反对,表决没有通过;当输入 A、B、C 中"1"状态多于"0"状态时,发光二极管亮,表示输出 Y 为"1",多数赞成,表决通过。观察输出端二极管的"亮、灭"情况,记录实验数据于表 20-4。

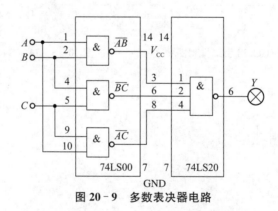

图 20-9　多数表决器电路

实验 20-3　3-8 译码器 74HC138 的逻辑功能测试

如图 20-10 所示,输入信号的电平由逻辑开关 K_1,K_2,K_3 控制,选通控制端 $\overline{E_1}$,$\overline{E_2}$,E_3 的信号由逻辑开关 K_4,K_5,K_6 控制,输出端 $\overline{Y_0}$ ~ $\overline{Y_7}$ 接 LED 发光二极管。

按表 20-3 改变选通控制端 $\overline{E_1}$,$\overline{E_2}$,E_3 和输入信号的电平,观察输出端 8 个 LED 发光二极管的"亮、灭"情况,并将结果填入表 20-5 中。

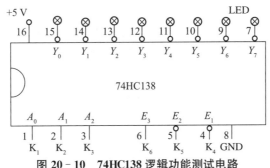

图 20 - 10　74HC138 逻辑功能测试电路

实验 20 - 4　译码显示电路

按图 20 - 11 接好实验线路,其中试灯输入端 $\overline{LT}$、灭零输入端 $\overline{RBI}$、特殊控制端 $\overline{BI/RBO}$ 接逻辑开关,信号输入端 D、C、B、A 接 8421 码拨码开关。

按表 20 - 6 改变控制端 $\overline{LT}$、$\overline{RBI}$、$\overline{BI/RBO}$ 和输入端 D、C、B、A 的逻辑电平,观察数码管的显示情况,并将结果填入表 20 - 6 中。

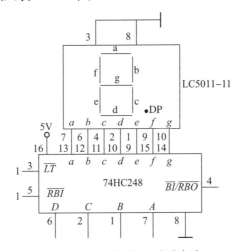

图 20 - 11　译码显示实验电路

20.4.2　开放实验

实验 20 - 5　组合逻辑电路设计

1. 设计一个二进制数的平方器(图 20 - 12),输入为 3 位二进制数 A_0、A_1、A_2,输出为 6 位对应的二进制平方数 P_0、P_1、P_2、P_3、P_4、P_5。

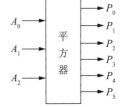

2. 用与非门(如 74LS00 或 74LS20)实现所设计的逻辑电路。

3. 按表 20 - 7 设置逻辑电平开关的状态,观察输出状态的变化,将结果填入表 20 - 7 中。

图 20 - 12　二进制数平方器框

20.5　预习思考题

1. 复习 TTL 与非门的工作原理、基本特性和主要参数的定义。

2. 为什么 TTL 电路输入端悬空相当于输入逻辑"1"电平? TTL 电路不用的输入端应如

何处理?

3. TTL 与非门典型的高电平电压和低电平电压大约为多少?

4. 根据实验 20-2 设计画出多数表决器的实验电路。

5. 复习译码器的工作原理和设计方法。

6. 用 74HC138 译码器实现正常译码功能,输入选通控制端 $\overline{E_1},\overline{E_2},E_3$ 如何设置?

20.6　分析与总结

1. 记录实验测得的门电路参数值,并与器件典型值比较。

2. 根据实验数据,用方格纸画出与非门的转移特性曲线

3. TTL 与非门多余输入端为什么可以悬空处理?

4. 写出实验 20-2 的设计过程,并画出逻辑电路图。

5. 根据实验结果表 20-5 总结 74HC138 译码器的功能和应用。

6. 根据实验结果表 20-6 总结 74HC248 显示译码器的功能和应用。

20.7　实验注意事项

1. 实验前应仔细阅读指导书,弄懂实验原理。

2. 在断开电源开关的状态下按实验线路接好连接线,检查无误后再接通电源。

3. TTL 电路对电源电压十分敏感,实验中注意不要接错电源极性,电源电压不能超过+5 V。

4. 实验过程中,切勿将杂物放在实验箱的面板上,以免短路。

5. 集成电路插入插座前应调整好双列引脚间距,仔细对准插座后均匀压入,拔出时需用起子从两端轻轻翘起。

6. 实验中如要更改接线或元器件,应先关断电源;插错或多余的线要拔去,不能一端插在电路上,另一端悬空,防止短接电路其他部分。

7. 注意实验中译码器选通控制端的设置。

实验数据记录 20

学号：＿＿＿＿＿＿　　　姓名：＿＿＿＿＿＿　　　实验日期：＿＿＿＿＿＿

表 20-3　与非门逻辑功能的测试数据

输入		输出
A	B	V_o/V
0	0	
0	1	
1	0	
1	1	

表 20-4　表决器测试数据

A	B	C	Y
0	0	0	
0	0	1	
0	1	0	
0	1	1	
1	0	0	
1	0	1	
1	1	0	
1	1	1	

表 20-5　74HC138 的逻辑功能测试结果

输入						输出							
E_3	$\overline{E_2}$	$\overline{E_1}$	A_2	A_1	A_0	$\overline{Y_0}$	$\overline{Y_1}$	$\overline{Y_2}$	$\overline{Y_3}$	$\overline{Y_4}$	$\overline{Y_5}$	$\overline{Y_6}$	$\overline{Y_7}$
$\times$	1	$\times$	$\times$	$\times$	$\times$								
$\times$	$\times$	1	$\times$	$\times$	$\times$								
0	$\times$	$\times$	$\times$	$\times$	$\times$								
1	0	0	0	0	0								
1	0	0	0	0	1								
1	0	0	0	1	0								
1	0	0	0	1	1								

输 入						输 出							
E_3	$\overline{E_2}$	$\overline{E_1}$	A_2	A_1	A_0	$\overline{Y_0}$	$\overline{Y_1}$	$\overline{Y_2}$	$\overline{Y_3}$	$\overline{Y_4}$	$\overline{Y_5}$	$\overline{Y_6}$	$\overline{Y_7}$
1	0	0	1	0	0								
1	0	0	1	0	1								
1	0	0	1	1	0								
1	0	0	1	1	1								

表 20 - 6 译码显示实验结果

十进制或功能	输入						$\overline{BI/RBO}$	LED 的七段显示							LED 的十进制码显示
	$\overline{LT}$	$\overline{RBI}$	D	C	B	A		a	b	c	d	e	f	g	
0	1	1	0	0	0	0	1								
1	1	×	0	0	0	1	1								
2	1	×	0	0	1	0	1								
3	1	×	0	0	1	1	1								
4	1	×	0	1	0	0	1								
5	1	×	0	1	0	1	1								
6	1	×	0	1	1	0	1								
7	1	×	0	1	1	1	1								
8	1	×	1	0	0	0	1								
9	1	×	1	0	0	1	1								
灭灯	×	×	×	×	×	×	0(入)								
灭零	1	0	0	0	0	0	1								
试灯	0	×	×	×	×	×	1								

表 20 - 7 平方器的输入输出状态

A_2	A_1	A_0	P_5	P_4	P_3	P_2	P_1	P_0
0	0	0						
0	0	1						
0	1	0						
0	1	1						
1	0	0						
1	0	1						
1	1	0						
1	1	1						

扫码预习

实验 21 半加器、全加器

21.1 实验目的

1. 掌握半加器、全加器的工作原理。
2. 掌握中规模全加器的管脚排列和逻辑功能。

20.2 预备知识

半加器和全加器是算术运算电路中的基本单元,它们是完成 1 位二进制数相加的一种组合逻辑电路。

1. 半加器

只考虑了两个加数本身,而没有考虑低进位的加法运算逻辑电路称为半加器。设 A、B 是两个加数,S 是和数,C 是进位数,则半加器的真值表如表 21-1 所示。

表 21-1 半加器真值表

输入		输出	
A	B	S	C
0	0	0	0
0	1	1	0
1	0	1	0
1	1	0	1

由真值表可得半加器的逻辑表达式:

$$S = \bar{A}B + A\bar{B} = A \oplus B$$
$$C = AB$$

由异或门和与门实现的逻辑电路如图 21-1 所示。

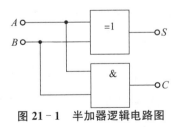

图 21-1 半加器逻辑电路图

2. 全加器

在多位数加法运算时,除最低位外,其他各位都需要考虑低位送来的进位。全加器就是进行本位加数、被加数和相邻低位进位的加法运算的逻辑电路。设 A、B 是两个加数,C_{i-1} 是相邻低位的进位数,S_i 是和数,C_i 是向高位的进位数。全加器的真值表如表 21-2 所示。

由真值表可得全加器的逻辑表达式：

$$S_i = \overline{A}\,\overline{B}C_{i-1} + \overline{A}B\overline{C_{i-1}} + A\overline{B}\,\overline{C_{i-1}} + ABC_{i-1}$$
$$= (\overline{A \oplus B})C_{i-1} + (A \oplus B)\overline{C_{i-1}} = A \oplus B \oplus C_{i-1}$$

$$C_i = \overline{A}BC_{i-1} + A\overline{B}C_{i-1} + AB\overline{C_{i-1}} + ABC_{i-1}$$
$$= AB + (A \oplus B)C_{i-1}$$

表 21 - 2　全加器真值表

输入			输出	
A	B	C_{i-1}	S_i	C_i
0	0	0	0	0
0	0	1	1	0
0	1	0	1	0
0	1	1	0	1
1	0	0	1	0
1	0	1	0	1
1	1	0	0	1
1	1	1	1	1

全加器可由两个半加器和一个或门实现，电路如图 21 - 2 所示。

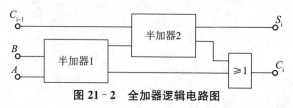

图 21 - 2　全加器逻辑电路图

21.3　实验设备

1. 数字逻辑实验箱。

2. 集成电路芯片：74LS86，74LS08，74HC183，74HC138，74LS20。

图 21 - 3～图 21 - 5 分别给出了本次实验中用到的集成电路的引脚排列图。

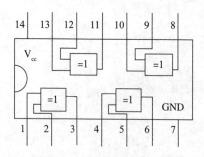

图 21 - 3　74LS86 引脚排列图

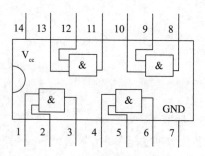

图 21 - 4　74LS08 引脚排列图

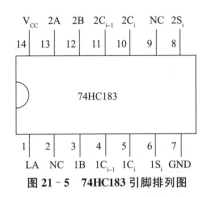

图 21 - 5　74HC183 引脚排列图

21.4　实验内容

21.4.1　必做实验

实验 21 - 1　半加器的逻辑功能测试

用异或门 74LS86 和 74LS08 四 2 输入与门组成的半加器电路如图 21 - 6 所示。输入信号的电平由逻辑开关 K_1、K_2 控制,输出端接 LED 发光二极管。按表 21 - 3 改变输入端 A 和 B 的逻辑电平,观察并记录 S 和 C 端发光二极管的"亮、灭"的情况。

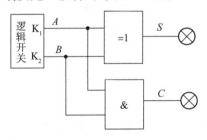

图 21 - 6　半加器实验电路图

实验 21 - 2　全加器的逻辑功能测试

全加器可由集成的双全加器 74HC183 实现,其内部有两个功能完全相同的全加器。电路连接如图 21 - 7 所示,输入信号的电平由逻辑开关 K_1、K_2、K_3 控制,输出端 S_i 和 C_i 接 LED 发光二极管。按表 21 - 4 改变输入端 A、B、C_{i-1} 的逻辑电平,观察并记录 S_i 和 C_i 端发光二极管"亮、灭"的情况。

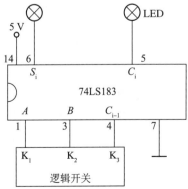

图 21 - 7　全加器实验电路图

21.4.2 开放实验

实验 21-3 用 74HC138 设计一位全加器

1. 用 74HC138 和 74LS20 各一片设计一个一位的二进制全加器。输入为 A、B、C_{i-1}，输出为 S_i 和 C_i。

2. 写出一位二进制全加器的真值表。

3. 写出输出为 S_i 和 C_i 的逻辑表达式。

4. 画出用 74HC138 和 74LS20 构成的全加器的电路图。

5. 搭建电路,验证结论的正确性。

21.5 预习思考题

1. 复习半加器和全加器的工作原理和设计方法。

2. 掌握集成全加器的逻辑功能和使用方法。

3. 用两个半加器和或门实现一个全加器,用异或门 74LS86,与门 74LS08,或门 74LS32 实现。

21.6 分析与总结

1. 根据实验结果表 21-3 总结半加器的功能和应用。

2. 根据实验结果表 21-4 总结全加器的功能和应用。

3. 在实验报告中画出实验 21-3 逻辑电路图。

21.7 实验注意事项

1. 实验前应仔细阅读指导书,弄懂实验原理。

2. 接线前应辨别清楚所使用的集成电路的引脚功能和排列。

实验数据记录 21

学号：_____　　姓名：_____　　实验日期：_____

表 21-3　半加器功能测试表

输入		输出	
A	B	S	C
0	0		
0	1		
1	0		
1	1		

表 21-4　全加器功能测试表

输入			输出	
A	B	C_{i-1}	S_i	C_i
0	0	0		
0	0	1		
0	1	0		
0	1	1		
1	0	0		
1	0	1		
1	1	0		
1	1	1		

扫码预习

实验 22　触发器

22.1　实验目的

1. 掌握基本 RS 触发器、D 触发器、JK 触发器的逻辑功能和工作原理。
2. 掌握触发器逻辑功能的测试方法。
3. 了解时钟触发不同逻辑功能之间的相互转换。

22.2　预备知识

触发器是由门电路组成的,具有记忆功能,能够存储 1 位二值信号的基本逻辑单元。为了实现记忆 1 位二值信号的功能,触发器必须具备以下两个特点:

(1) 具有两个能自行保持的稳定状态,用来表示逻辑功能的 0 和 1,或二进制数的 0 和 1。

(2) 根据不同的输入信号可以置成 1 或 0 状态。

触发器根据逻辑功能的不同,可以分为 RS 触发器、D 触发器、JK 触发器和 T 触发器等几种类型。

1. 基本 RS 触发器

基本 RS 触发器由两个与非门以交叉反馈的方式构成,图 22-1 是其电路的逻辑结构,图 22-2 是其逻辑符号。表 22-1 是对应的逻辑状态表。根据表 22-1 可知,基本 RS 触发器具有置"0"、置"1"和保持功能,可以记忆一位二进制数。此外,当 $\overline{S}_D = \overline{R}_D = 0$ 时,触发器处于不确定状态,因此在应用中是禁止 $\overline{S}_D = \overline{R}_D = 0$ 的。

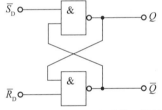

图 22-1　基本 RS 触发器的逻辑结构

表 22-1　基本 RS 触发器逻辑状态表

$\overline{S}_D$	$\overline{R}_D$	Q
1	0	0
0	1	1
1	1	保持
0	0	不定

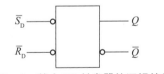

图 22-2　基本 RS 触发器的逻辑符号

2. D 触发器

D 触发器的逻辑符号如图 22-3 所示,逻辑状态表如表 22-2 所示。D 触发器的特性方程为

$$Q^{n+1} = D$$

由表 22-2 可知,D 触发器的状态只取决于时钟到来前 D 端的状态。D 触发器的应用很广,可用作数字信号的寄存、移位寄存、分频和波形发生等。

表 22 - 2 D 触发器逻辑状态表

Q^n	D	Q^{n+1}
0	0	0
0	1	1
1	0	0
1	1	1

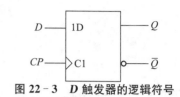

图 22 - 3 D 触发器的逻辑符号

3. JK 触发器

在输入为双端的情况下，JK 触发器是功能完善、使用灵活和通用性较强的一种触发器。JK 触发器具有置"0"，置"1"，保持和计数功能。JK 触发器的逻辑符号如图 22 - 4 所示，逻辑状态表如表 22 - 3 所示。JK 触发器的特性方程为

$$Q^{n+1} = J\overline{Q^n} + \overline{K}Q^n$$

由表 22 - 3 可以看出，当 $J=1, K=0$ 时，触发器的下一状态将被置"1"（$Q^{n+1}=1$）；当 $J=0, K=1$ 时，触发器的下一状态将被置"0"（$Q^{n+1}=0$）；当 $J=K=0$ 时，触发器保持不变（$Q^{n+1}=Q^n$）；当 $J=K=1$ 时，触发器翻转（$Q^{n+1}=\overline{Q^n}$），可实现计数的功能。

表 22 - 3 JK 触发器逻辑状态表

Q^n	J	K	Q^{n+1}
0	0	0	0
0	0	1	0
0	1	0	1
0	1	1	1
1	0	0	1
1	0	1	0
1	1	0	1
1	1	1	0

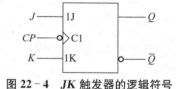

图 22 - 4 JK 触发器的逻辑符号

4. T 和 T′ 触发器

T 触发器可以看成是 JK 触发器的特例，当 $J=K$ 时，JK 触发器即为 T 触发器。T 触发器的逻辑符号如图 22 - 5 所示，逻辑状态表如表 22 - 4 所示。T 触发器的特性方程为

$$Q^{n+1} = T\overline{Q^n} + \overline{T}Q^n$$

表 22 - 4 T 触发器逻辑状态表

Q^n	T	Q^{n+1}
0	0	0
0	1	1
1	0	1
1	1	0

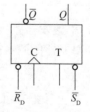

图 22 - 5 T 触发器的逻辑符号

由表 22 - 4 可以看出，当控制端 $T=1$ 时，状态翻转，$Q^{n+1}=\overline{Q^n}$；$T=0$ 时，状态保持不变，

$Q^{n+1} = Q^n$。

在 T 触发器的输入端固定接高电平,即 $T \equiv 1$,即为 T' 触发器,其特性方程为

$$Q^{n+1} = \overline{Q^n}$$

T' 触发器时钟每作用一次,触发器翻转一次。

2.3　实验设备

(1) 数字逻辑实验箱;

(2) 集成电路:74LS00、74LS20、74LS74、74LS112、74LS175。

图 22-6～图 22-8 分别给出了本次实验中用到的部分集成电路的电路结构及引脚排列图。

图 22-6　74LS112 引脚排列图

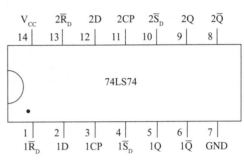

图 22-7　74LS74 引脚排列图

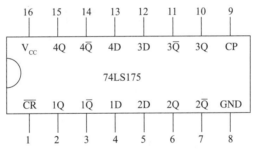

图 22-8　74LS175 引脚排列图

22.4　实验内容

22.4.1　必做实验

实验 22-1　基本 RS 触发器逻辑功能的测试

1. 按图 22-9 所示的电路,用 74LS00 构成一个基本 RS 触发器。

2. $\bar{S}$、$\bar{R}$ 分别接逻辑开关 K_1、K_2,Q、$\bar{Q}$ 端分别接 LED 发光二极管。

3. 根据表 22-5 改变 $\bar{S}$、$\bar{R}$ 端逻辑电平,观察 Q、$\bar{Q}$ 端发光二极管"亮、灭"情况,并记录在表 22-5 中。

- **注意**:发光二极管亮为"1"。

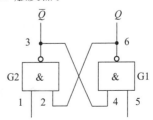

图 22-9　RS 触发器逻辑功能测试实验线路

实验22-2 JK触发器逻辑功能的测试

本实验采用74LS112双 JK 触发器,74LS112触发器是下降沿触发的边沿触发器。

1. 按图22-10所示的电路,用74LS112接好实验线路。其中 $1\overline{R}_D$、$1\overline{S}_D$、$1J$、$1K$ 分别接四个逻辑开关 $K_1 \sim K_4$,$1CP$ 接单次脉冲源,$1Q$ 和 $1\overline{Q}$ 分别接LED发光二极管。

2. 根据表22-6依次改变 $\overline{R}_D$、$\overline{S}_D$、J、K、$1CP$ 端的逻辑电平,观察 JK 触发器输出端发光二极管"亮、灭"情况的变化,并填入表22-6中。

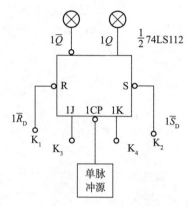

图22-10 JK触发器逻辑功能测试实验线路

实验22-3 D触发器逻辑功能的测试

本实验采用上升沿触发的74LS74双 D 触发器。74LS74是一种带有异步端的双 D 触发器。

1. 按图22-11所示的电路,用74LS74接好实验线路。其中 $1D$、$1\overline{R}_D$、$1\overline{S}_D$ 分别接逻辑开关 $K_1 \sim K_3$,$1CP$ 接单次脉冲源,$1Q$ 和 $1\overline{Q}$ 分别接LED发光二极管。

2. 根据表22-7依次改变 $\overline{R}_D$、$\overline{S}_D$、D 和 $1CP$ 端的逻辑电平,观察输出端发光二极管"亮、灭"情况,并填入表22-7中。

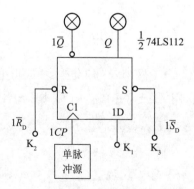

图22-11 D触发器逻辑功能测试实验线路

22.4.2 开放实验

实验 22-4 触发器的简单应用

1. 用 *JK* 触发器构成 *D* 触发器

按图 22-12 所示的电路,用 74LS112 接好实验线路,*Q* 端接 LED 发光二极管。按表 22-8 改变 *D* 端逻辑电平,观察 *Q* 端发光二极管"亮、灭"情况,并填入表 22-8 中。

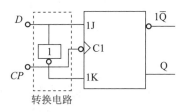

图 22-12 用 *JK* 触发器构成 *D* 触发器的实验线路

2. 用触发器 74LS175 构成四路抢答判决电路

74LS175 触发器为上升沿触发的四 D 触发器。用其构成四路抢答判决电路如图 22-13 所示。$D_1 \sim D_4$ 接逻辑开关 $K_1 \sim K_4$,$Q_1 \sim Q_4$ 接发光二极管。

(1) $K_1 \sim K_4$ 均拨向"0";清零端 *CR* 接 K_5,K_5 先拨向"0",再拨向"1";各 *Q* 端复位;此时发光二极管均不亮。

(2) 当 $K_1 \sim K_4$ 中任一开关拨向"1"时,则相应的 *Q* 端置"1",其他迟打开的开关失去对其 *Q* 端置"1"的控制作用,从而实现了四路抢答判决功能。调试电路,并观察试验结果。

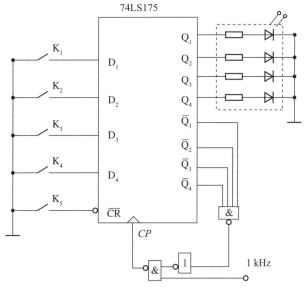

图 22-13 四路抢答判决电路

22.5 预习思考题

1. 复习 *RS*、*D*、*JK*、*T*、*T*′ 触发器的逻辑功能和触发方式。
2. 熟悉本实验所用的门电路及触发器的型号及其管脚排列。

3. 在 JK 触发器和 D 触发器中，$\overline{R}_D$ 和 $\overline{S}_D$ 端是否受时钟 CP 的控制? 它们有何用处?

22.6 分析与总结

1. 整理实验结果,总结 RS,D,JK 触发器的逻辑功能。
2. 通过实验总结为什么 JK 触发器比 D 触发器功能更强,应用更灵活?
3. 设计一个用 D 触发器构成的四分频器,画出电路图。
4. 设计 D 触发器与 JK,T,T' 触发器之间的转换电路,并验证之。

22.7 实验注意事项

实验中应注意 D 触发器是上升沿触发的,而 JK 触发器是下降沿触发的。

实验数据记录 22

学号：＿＿＿＿＿＿　　姓名：＿＿＿＿＿＿　　实验日期：＿＿＿＿＿＿

表 22‑5　**RS** 触发器逻辑功能测试结果

$\overline{S}$	$\overline{R}$	Q	$\overline{Q}$
0	0		
0	1		
1	0		
1	1		

表 22‑6　**JK** 触发器逻辑功能测试结果

$1\overline{R}_D$	$1\overline{S}_D$	$1J$	$1K$	$1CP$	Q	$\overline{Q}$
0	1	×	×	×		
1	0	×	×	×		
1	1	0	0	单次脉冲		
1	1	0	1	单次脉冲		
1	1	1	0	单次脉冲		
1	1	1	1	单次脉冲		

表 22‑7　**D** 触发器逻辑功能测试结果

$1\overline{R}_D$	$1\overline{S}_D$	$1D$	$1CP$	Q	$\overline{Q}$
1	1	0	×		
1	1	1	×		
0	1	×	单次脉冲		
1	0	×	单次脉冲		

表 22‑8　**D** 触发器逻辑功能测试结果

D	Q
0	
1	

实验 23　计数器

23.1　实验目的

1. 掌握计数器的工作原理。
2. 掌握中规模集成计数器 74LS192 的使用方法及其功能测试方法。
3. 掌握任意进制计数器的分析和设计方法。

23.2　预备知识

1. 计数器

计数器是最重要的时序电路之一,它们不仅可用于对脉冲进行计数,还可用于分频、定时、产生节拍脉冲以及其他时序信号。计数器种类繁多,根据计数体制的不同,分为二进制计数器和非二进制计数器;根据计数器的增减趋势不同分为加法计数器和减法计数器;根据计数脉冲引入方式的不同,计数器分为同步计数器和和异步计数器。

2. 同步计数器

同步计数器与异步计数器的不同之处是其各触发器共用同一计数脉冲源,因而是同时触发的。同步计数器的设计较异步计数器复杂,需要通过分析逻辑状态表或状态机来完成,其电路结构也比异步计数器复杂。图 23-1 是一个 10 进制同步加法计数器。同步计数器的特点是计数速度快,适合于高速计数场合。

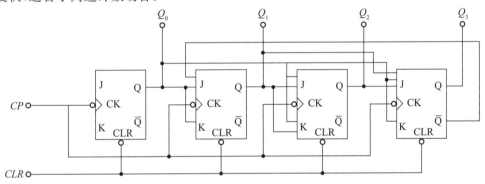

图 23-1　用 JK 触发器构成的十进制同步加法计数器

3. 集成电路计数器 74LS192

74LS192 同步可逆递增/递减 BCD 计数器,具有双时钟输入,并具有清除和置数等功能,其引脚排列如图 23-2 所示。

$\overline{PL}$:置数端,低电平有效,异步预置。

MR:复位输入端,高电平有效,异步清零。

CP_U:加计数端。

CP_D:减计数端。

$\overline{TC_U}$:进位输出,1001 状态后负脉冲输出。

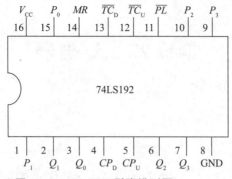

图 23-2 74LS192 引脚排列图

$\overline{TC_D}$：借位输出，0000 状态后负脉冲输出。

P_3、P_2、P_1、P_0：并行数据输入端。

Q_3、Q_2、Q_1、Q_0：数据输出端。

74LS192 计数器的功能如表 23-1 所示。

表 23-1 74LS192 计数器功能表

输入								输出			
MR	$\overline{PL}$	CP_U	CP_D	P_3	P_2	P_1	P_0	Q_3	Q_2	Q_1	Q_0
1	×	×	×	×	×	×	×	0	0	0	0
0	0	×	×	d	c	b	a	d	c	b	a
0	1	↑	1	×	×	×	×	加计数			
0	1	1	↑	×	×	×	×	减计数			

当复位输入端 $MR=1$ 时，计数器直接清零；$MR=0$ 时执行其他功能。当 $MR=0$，并且置数端 $\overline{PL}=0$，数据直接从数据输入端 $P_3P_2P_1P_0$ 置入计数器。当 $MR=0$，并且置数端 $\overline{PL}=1$，执行计数功能。执行加法计数时，减计数端 CP_D 接高电平，计数脉冲由加计数端 CP_U 输入，在计数脉冲上升沿进行 8421BCD 码的十进制加法计数。执行减法计数时，加计数端 CP_U 接高电平，计数脉冲由减计数端 CP_D 输入，在计数脉冲上升沿进行 8421BCD 码的十进制减法计数。

23.3 实验设备

(1) 数字逻辑实验箱；

(2) 集成电路芯片：74LS00、74LS20、74LS192、74LS248、LC5011-11。

23.4 实验内容

23.4.1 必做实验

实验 23-1 集成计数器 74LS192 的应用

1. 十进制计数器

用一片 74LS192 计数器构成的"0~9"的加法计数器。74LS192 的 CP_U 端接单次脉冲产生器，MR、$\overline{PL}$、CP_D 接逻辑开关，$Q_0 \sim Q_3$ 输出端分别接 LED 发光二极管。

置"$MR=0$，$\overline{PL}=1$，$CP_D=1$"。连续按动单次脉冲，实现"0~9"的加法计数器。

2. "0~99"加法计数器

如图 23-3 所示，74LS192(1)的 CP_U 接单次脉冲产生器，74LS192(1)的进位输出端驱动

74LS192(2)。74LS192(1)和 74LS192(2)的输入端 MR、$\overline{PL}$、CP_D 接逻辑开关，$Q_0 \sim Q_3$ 输出端分别接 LED 发光二极管。

置"$MR=0$，$\overline{PL}=1$，$CP_D=1$"，连续按动单次脉冲，实现一个"0～99"的加法计数器。

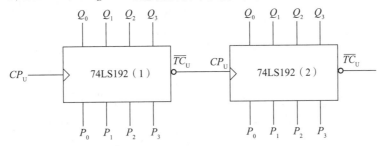

图 23 - 3　74LS192 实现 0～99 计数电路

3. 22 进制(0～21)和特殊 15 进制(1～15)的计数器

利用计数器 74LS192 的并行数据置入功能实现 22 进制(0～21)和特殊 15 进制(1～15)的计数器。

(1) 用两片 74LS192 计数器构成的 0～21 计数器，如图 23 - 4 所示。74LS192(1)的 CP_U 接单次脉冲产生器，进位输出端驱动 74LS192(2)。74LS192(1)和 74LS192(2)的输入端 MR、$\overline{PL}$、CP_D 接逻辑开关，$Q_0 \sim Q_3$ 输出端分别接 LED 发光二极管，$P_0 \sim P_3$ 接逻辑开关。

置"$MR=0$，$CP_D=1$"，$P_0 \sim P_3$ 全部置"0"。连续按动单次脉冲产生器，观察发光二极管的"亮、灭"情况。当计数器计数到"22"时，与非门会自动产生一个复位信号，使 74LS192(1)和 74LS192(2)直接置成"0000"，从而实现"0～21"加法计数。

(2) 用两片 74LS192 计数器构成的 1～15 计数器如图 23 - 5 所示。74LS192(1)的 CP_U 接单次脉冲产生器，进位输出端驱动 74LS192(2)。74LS192(1)和 74LS192(2)的输入端 MR、$\overline{PL}$、CP_D 接逻辑开关，$Q_0 \sim Q_3$ 输出端分别接 LED 发光二极管，$P_0 \sim P_3$ 接逻辑开关。

置"$MR=0$，$CP_D=1$"，74LS192(1)的输入端 $P_0 \sim P_3$ 置"1000"，74LS192(2)的输入端 $P_0 \sim P_3$ 置"0000"。连续按动单次脉冲产生器，观察发光二极管的"亮、灭"情况。当计数器计数到"16"时，与非门会自动产生一个复位信号，使 74LS192(1)置成"1000"，74LS192(2)置成"0000"，从而实现"1～15"加法计数。

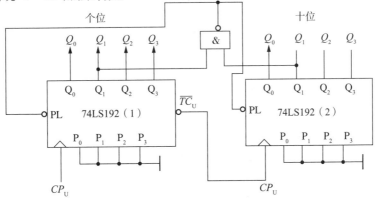

图 23 - 4　74LS192 实现 0～21 计数电路

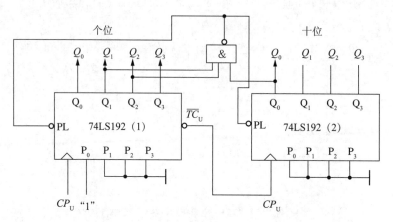

图 23 - 5　74LS192 实现 1~15 计数电路

23.4.2　开放实验

实验 23-2　计数、译码、显示电路的设计

用 74LS192 计数器、74LS248 译码器、LC5011 - 11 共阴极数码管设计一秒时钟计数(1~60)及译码显示电路。自行查阅资料,设计、搭建电路,并验证电路的正确性。

23.5　预习思考题

1. 复习计数器的工作原理和电路组成结构。
2. 熟悉中规模集成计数器 74LS192 的逻辑功能、外引脚排列和使用方法。
3. 设计本次试验中的电路图。

23.6　分析与总结

1. 总结 74LS192 十进制计数器的功能和特点。
2. 设计并画出实验 23 - 2 的实验电路。

23.7　实验注意事项

注意集成计数器 74LS192 控制端的接法。

实验 24　寄存器、移位寄存器

24.1　实验目的

1. 掌握寄存器的基本概念和一般构成方法。
2. 掌握中规模 4 位双向移位寄存器的逻辑功能及使用方法。

24.2　预备知识

寄存器与移位寄存器是数字系统中常见的主要部件,寄存器用来存放二进制数码或信息,移位寄存器除具有寄存器的功能外,还可将数码移位。

1. 寄存器

寄存器是数字系统中用来存储二进制数据的逻辑部件。1 个触发器可存储 1 位二进制数据,存储 n 位二进制数据的寄存器需要用 n 个触发器组成。由 4 个 D 触发器构成的 4 位寄存器如图 24-1 所示。

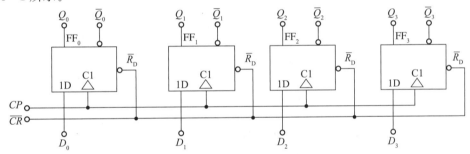

图 24-1　4 位寄存器

D_3、D_2、D_1、D_0 是数据输入端,Q_3、Q_2、Q_1、Q_0 是输出端。对数据输入端,当 CP 脉冲上升沿到来时,输入端的数据同时存入相应的触发器,输出端的数据同时输出。这种输入、输出方式称为并行输入、并行输出。

2. 移位寄存器

移位寄存器具有存储二进制代码和移位的功能,移位的功能是指寄存器所存储的代码能够在移位脉冲 CP 的作用下,依次左移或右移。移位寄存器常用 D 触发器串连而成,而且为了实现移位的功能必须采用同步时序逻辑电路。移位寄存器的主要用途是实现数据的串-并转换,同时移位寄存器还可以构成序列码发生器、序列码检测器和移位型计数器等。

典型的 4 位双向通用移位寄存器 74LS194 管脚排列如图 24-2 所示。74LS194 具有 5 种不同的功能:并行置数、右移、左移、保持和清"0"。

其中,$\overline{CR}$ 为清零端;M_1、M_2 为模式控制端;CP 是时钟信号,脉冲上升沿触发;D_{SR}、D_{SL} 分别是右移和左移的数据输入;D_3、D_2、D_1、D_0 是数据输入端;Q_3、Q_2、Q_1、Q_0 是输出端。74LS194 移位寄存器的逻辑功能见表 24-1。

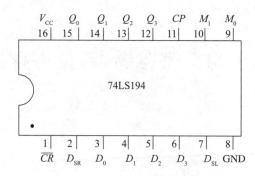

图 24-2　74LS194 引脚排列图

表 24-1　74LS194 逻辑功能表

输入									输出			
时钟	清零	模式控制		移位输入		并行输入				Q_0^{n+1}	Q_1^{n+1}	Q_2^{n+1}	Q_3^{n+1}
CP	$\overline{CR}$	M_1	M_0	D_{SR}	D_{SL}	D_0	D_1	D_2	D_3	Q_0^{n+1}	Q_1^{n+1}	Q_2^{n+1}	Q_3^{n+1}
$\times$	0	$\times$	$\times$	$\times$	$\times$	$\times$	$\times$	$\times$	$\times$	0	0	0	0
$\times$	1	0	0	$\times$	$\times$	$\times$	$\times$	$\times$	$\times$	Q_0^n	Q_1^n	Q_2^n	Q_3^n
$\uparrow$	1	0	1	0	$\times$	$\times$	$\times$	$\times$	$\times$	0	Q_0^n	Q_1^n	Q_2^n
$\uparrow$	1	0	1	1	$\times$	$\times$	$\times$	$\times$	$\times$	1	Q_0^n	Q_1^n	Q_2^n
$\uparrow$	1	1	0	$\times$	0	$\times$	$\times$	$\times$	$\times$	Q_1^n	Q_2^n	Q_3^n	0
$\uparrow$	1	1	0	$\times$	1	$\times$	$\times$	$\times$	$\times$	Q_1^n	Q_2^n	Q_3^n	1
$\uparrow$	1	1	1	$\times$	$\times$	D_0^*	D_1^*	D_2^*	D_3^*	D_0	D_1	D_2	D_3

从表 24-1 可知 74LS194 具有以下功能：

(1) 异步清零：$\overline{CR}=0$，$Q_3Q_2Q_1Q_0=0000$；

(2) 保持：$\overline{CR}=1$，$M_1=M_0=0$ 时，$Q_3Q_2Q_1Q_0$ 保持原来状态；

(3) 右移：$\overline{CR}=1$，$M_1=0$，$M_0=1$，时钟脉冲上升沿时，$Q_3Q_2Q_1Q_0$ 的状态由 Q_0 向 Q_3 移位，若此时 $D_{SR}=0$，则 $Q_0=0$，若此时 $D_{SR}=1$，则 $Q_0=1$；

(4) 左移：$\overline{CR}=1$，$M_1=1$，$M_0=0$，时钟脉冲上升沿时，$Q_3Q_2Q_1Q_0$ 的状态由 Q_3 向 Q_0 移位，若此时 $D_{SL}=0$，则 $Q_3=0$，若此时 $D_{SL}=1$，则 $Q_3=1$；

(5) 并行置数：$\overline{CR}=1$，$M_1=M_0=1$，时钟脉冲上升沿时，$Q_3Q_2Q_1Q_0=D_3D_2D_1D_0$。

24.3　实验设备

(1) 数字逻辑实验箱；

(2) 集成电路芯片：74LS74、74LS04、74LS194。

24.4　实验内容

24.4.1　必做实验

实验 24-1　寄存器

1. 四个 D 触发器 74LS74 按图 24-1 接线。D_3、D_2、D_1、D_0 接逻辑开关，四个触发器清零

端 $\overline{R}_D$ 连接在一起接逻辑开关，Q_3、Q_2、Q_1、Q_0 输出端分别接 LED 发光二极管，CP 端接单次脉冲产生器。

2. 置"$D_3D_2D_1D_0=1010$"，将清零端先置"0"后置"1"（清"0"操作），CP 端输入单次脉冲，观察输出端四个发光二极管的"亮、灭"情况，将结果记录在表 24-2 中。

3. 改变 D_3、D_2、D_1、D_0 的数值，重复步骤 2，验证数据寄存的功能，将结果记录在表 24-2 中。

实验 24-2　移位寄存器

1. 四个 D 触发器 74LS74 按图 24-3 接线，$\overline{R}_D$ 端接逻辑开关，Q_3、Q_2、Q_1、Q_0 输出端分别接 LED 发光二极管，连接成左移寄存器。

2. 控制逻辑开关，将 $\overline{R}_D$ 先置"0"，再置"1"，此时电路的初始状态为"0001"。

3. 连续按动单次脉冲产生器，将脉冲信号不断送入 74LS74 的 CP 端，观察发光二极管的"亮、灭"情况，并记录试验结果于表 24-3。

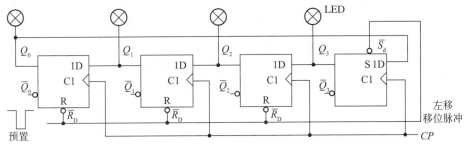

图 24-3　D 触发器构成移位寄存器实验电路图

实验 24-3　集成移位寄存器

按图 24-4 接线，M_1、M_0 端接逻辑开关 K_1、K_2，Q_3、Q_2、Q_1、Q_0 输出端分别接 LED 发光二极管，CP 端接单次脉冲产生器。

通过逻辑开关置"$M_1=1,M_0=0$"，此时移位寄存器可完成左移的功能。连续按动单次脉冲产生器，将脉冲信号不断送入 CP 端，观察发光二极管的"亮、灭"情况，并记录试验结果于表 24-4。

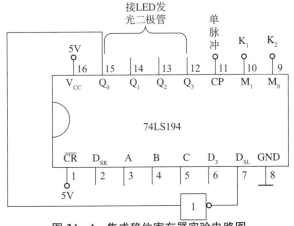

图 24-4　集成移位寄存器实验电路图

24.4.2 开放实验

实验 24-4 移位寄存器构成的节日彩灯电路

按图 24-5 接线,双向移位寄存器 74LS194 构成"右移逐位亮,右移逐位灭"的节日彩灯电路。在 CP 端加入 1 Hz 的连续脉冲,观察发光二极管的"亮、灭"情况。

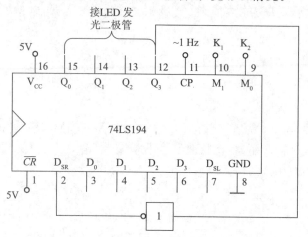

图 24-5 74LS194 构成的节日彩灯电路

24.5 预习思考题

1. 复习寄存器的工作原理和电路组成结构。

2. 熟悉中规模集成移位寄存器 74LS194 的逻辑功能、外引脚排列和使用方法。

3. 使 74LS194 等芯片清零,除采用 $\overline{CR}$ 输入低电平外,可否使用并行置数法或右移、左移的方法? 若可行,则采用以上各方法清零有什么区别?

24.6 分析与总结

1. 总结 74LS194 双向移位寄存器的功能和特点。

2. 在对 74LS194 置数后,若要使输出端改成另外的数码,是否一定要使寄存器清零?

24.7 实验注意事项

注意集成移位寄存器 74LS194 在完成不同功能时,控制端 M_1、M_0 的接法。

实验数据记录 24

学号：＿＿＿＿＿＿　　　姓名：＿＿＿＿＿＿　　　实验日期：＿＿＿＿＿＿

表 24－2　寄存器实验结果

输入				输出			
D_3	D_2	D_1	D_0	Q_3	Q_2	Q_1	Q_0
1	0	1	0				
0	1	1	0				
1	1	1	0				
0	0	0	1				
1	0	0	1				

表 24－3　移位寄存器实验结果

输入脉冲 CP	输出			
	Q_0	Q_1	Q_2	Q_3
0	0	0	0	1
1↑				
2↑				
3↑				
4↑				

表 24－4　集成移位寄存器实验结果

输入脉冲 CP	输出			
	Q_0	Q_1	Q_2	Q_3
0				
1↑				
2↑				
3↑				
4↑				

扫码预习

实验 25 信号的采集、放大与显示综合实验

25.1 实验目的

1. 了解数字式温度表的基本构成。
2. 熟悉数字温度表的工作原理。
3. 掌握电阻/电压转换电路、电压放大电路的设计方法。
4. 学会电子系统测量和调试技术。

25.2 设计步骤

1. 确定设计方案

所谓设计方案就是对要做的设计先做一个大致的设想,这种设想常用方框图表示,图 25-1 所示的方框图是可采纳的方案之一。

图 25-1 总体设计方案

2. 单元电路的设计

在总电路设计之前,可分别对电路的各部分进行设计。但要注意电源的选择应该合理,使各部分电路的电源电压尽可能一致。

（1）电阻/电压转换电路

铂电阻的电阻值随温度而变化,见表 25-1。在温度测量中,通常采用桥路来实现电阻量到电压量的转换。可参考图 25-2,图中 R_t 是铂电阻 Pt100。

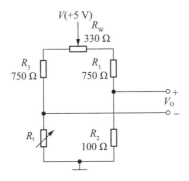

图 25-2 热电阻测量桥路

表 25 - 1　Pt100 铂电阻 0~200℃分度表

温度/℃	电阻值/Ω	温度/℃	电阻值/Ω	温度/℃	电阻值/Ω	温度/℃	电阻值/Ω
0	100	50	119.40	100	138.50	150	157.31
10	103.90	60	123.24	110	142.29	160	161.04
20	107.79	70	127.07	120	146.06	170	164.76
30	111.67	80	130.89	130	149.82	180	168.46
40	115.54	90	134.70	140	153.58	190	172.16
						200	175.84

（2）放大电路

在精密测量仪器中，要使用高质量的差分放大器，要求其输入阻抗高，共模抑制比高，漂移小。这种放大器有组件式的，也有集成电路的。图 25 - 3 就是用运算放大器组成的仪表放大器，其中 A1、A2（即 A1A、A1B）要求是采用低漂移集成运算放大器。

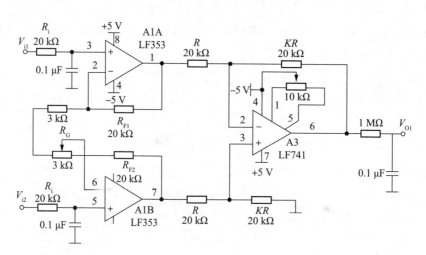

图 25 - 3　用运算放大器组成的仪表放大器

其中 A_1、A_2 的差模增益 K_1 可按下面式子推出：

$$\frac{V_{o2}-V_{i2}}{R_{F2}}=\frac{V_{i1}-V_{o1}}{R_{F1}}=\frac{V_{i2}-V_{i1}}{R_G}, \quad V_{o2}-V_{o1}=(1+\frac{R_{F1}+R_{F2}}{R_G})(V_{i2}-V_{i1})$$

解得：$K_1=1+\dfrac{R_{F1}+R_{F2}}{R_G}$

当 $R_{F1}=R_{F2}=R_F$ 时，　$K_1=1+\dfrac{2R_F}{R_G}$

A_3 的差模增益　$K_2=\dfrac{K_R}{R}=K$

当 $K=1$ 时，$K_2=1$ 时，放大器增益

$$K_V=K_1K_2=(1+\frac{R_{F1}+R_{F2}}{R_G})K$$

当 $R_{F1}=R_{F2}=R_F$ 和 $K=1$ 时，放大器增益

$$K_V=1+\frac{2R_F}{R_G}$$

（3）A/D 转换、译码驱动和数字显示部分由 3 位半数显电压表完成。

数显电压表面板如图 25-4 所示。

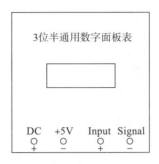

图 25-4　数显电压表面板

A/D 转换：将模拟信号转换成数字信号的电路，称为模数转换器（Analog to Digital Converter，简称 A/D 转换器或 ADC），A/D 转换的作用是将时间连续、幅值也连续的模拟量转换为时间离散、幅值也离散的数字信号，因此，A/D 转换一般要经过取样、保持、量化及编码 4 个过程。

BCD 七段译码器：其输入是一位 BCD 码（以 Q_3、Q_2、Q_1、Q_0 标明），输出是数码管各段的驱动信号（以 $a\sim g$ 表示），也称 4—7 译码器。若用它驱动共阴 LED 数码管，则输出应为高有用，即输出为高（1）时，相应闪现段发光。例如，当输入 8421 码 DCBA＝1001 时，应点亮 a、b、c、d、f、g 段，停息 e 段，故译码器的输出为 $a\sim g=1111011$，此时显示数字"9"，如图 25-5 所示。同理，依据构成 0～9 这 10 个字形，能够列出 8421BCD 七段译码器的真值表（表 25-2，未用码组省略）。

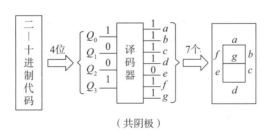

图 25-5　译码驱动显示图

发光二极管（LED）：由半导体材料砷化镓、磷砷化镓等制成，能够独自运用，也能够拼装成分段式或点阵式 LED 闪现器材（半导体闪现器）。分段式闪现器（LED 数码管）由 7 条线段围成字型，每一段包括一个发光二极管。外加正向电压时二极管导通，显示明晰的光，有红、黄、绿等色。只需按要求操控各发光段的亮、灭，就能够闪现各种字形或符号。LED 数码管有共阴、共阳之分，如图 25-6 和图 25-7 所示。本实验采用是共阴式连接方式，运用时，公共阴极接地，7 个阳极 $a\sim g$ 由相应的 BCD 七段译码器来驱动。

表 25 - 2 8421BCD七段译码器的真值表

输入				输出							显示数码
Q_3	Q_2	Q_1	Q_0	a	b	c	d	e	f	g	
0	0	0	0	1	1	1	1	1	1	0	0
0	0	0	1	0	1	1	0	0	0	0	1
0	0	1	0	1	1	0	1	1	0	1	2
0	0	1	1	1	1	1	1	0	0	1	3
0	1	0	0	0	1	1	0	0	1	1	4
0	1	0	1	1	0	1	1	0	1	1	5
0	1	1	0	1	0	1	1	1	1	1	6
0	1	1	1	1	1	1	0	0	0	0	7
1	0	0	0	1	1	1	1	1	1	1	8
1	0	0	1	1	1	1	1	0	1	1	9

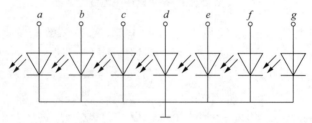

图 25 - 6 共阴极接法

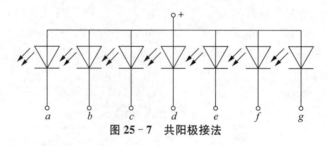

图 25 - 7 共阳极接法

25.3 实验设备

(1)直流稳压电源;(2)万用表;(3)集成电路 LF353、LM741,3 位半数显模块;(4)电阻箱;(5)实验方板和器件。

25.4 实验内容

1. 电路连接

按实验电路摆放器件,器件排列整齐,布线合理,便于检查调试。经认真检查并确认无误后方可通电,此时应特别注意正确连接电源的电压及电源的极性。

2. 调试与测量

调试大致可分为以下步骤:

(1) 放大器零点调试。在铂电阻 $R_t = 100\ \Omega$ 时,调节电桥中 330 Ω,使电桥输出为 0,使数显电压表显示零。

（2）放大器放大倍数的调试。在铂电阻 $R_t = 175.84\ \Omega$ 时（即 200℃），调节 A1 模块中 3K 电位器，使数显电压表显示 200。

（3）用标准电阻箱作为铂电阻接入电路，改变电阻箱的电阻值，测量不同温度时相应的电压 V_o，V_{o1}，记录在表 25 - 3 中。读取显示器所显示的相应的温度值，记录在表 25 - 4 中，对照铂电阻的电阻～温度分度表，计算各点误差。

调试中应注意的问题

发现电路有问题，不能正常工作，如电源短路或某些元件过热或电路没有任何反应时，应立即断开电源并检查原因。

25.5　预习思考题

1. 复习运算放大电路、A/D 转换、译码显示的工作原理。

25.6　撰写实验报告

1. 画出总体电路图。
2. 调试中出现的问题及解决的方法。
3. 实验结果报告。
4. 进一步的设想。

实验数据记录 25

学号：＿＿＿＿＿＿＿＿　　姓名：＿＿＿＿＿＿＿＿　　实验日期：＿＿＿＿＿＿＿＿

表 25－3　不同温度时电压数值表

温度/℃	电阻值/Ω	V_o	V_{o1}	温度/℃	电阻值/Ω	V_o	V_{o1}
0	100			100	138.50		
10	103.90			110	142.29		
20	107.79			120	146.06		
30	111.67			130	149.82		
40	115.54			140	153.58		
50	119.40			150	157.31		
60	123.24			160	161.04		
70	127.07			170	164.76		
80	130.89			180	168.46		
90	134.70			190	172.16		
				200	175.84		

表 25－4　温度显示仪误差测试表

温度/℃	电阻值/Ω	显示温度	误差	温度/℃	电阻值/Ω	显示温度	误差
0	100			100	138.50		
10	103.90			110	142.29		
20	107.79			120	146.06		
30	111.67			130	149.82		
40	115.54			140	153.58		
50	119.40			150	157.31		
60	123.24			160	161.04		
70	127.07			170	164.76		
80	130.89			180	168.46		
90	134.70			190	172.16		
				200	175.84		

附　录

1 Multisim 14 仿真软件

一、Multisim14 简介

EDA 技术(Electronic Design Automation,电子设计自动化)是电子、信息技术发展的杰出成果。它的发展与应用引发了一场电路设计与制造工业的技术革命。EDA 技术利用计算机硬件和系统软件来进行工业设计、分析、仿真以及制造等工作,能最大限度地降低成本、缩短开发周期,还能提高设计的成功率。Multisim 是一个完整的设计工具系统,提供了一个非常大的元件数据库,并提供原理图输入接口、全部的数模 Spice 仿真功能、VHDL/Verilog 设计接口与仿真功能、FPGA/CPLD 综合、RF 设计能力和后处理功能,还可以进行从原理图到 PCB 布线工具包(如 Multisim 的 Ultiboard)的无缝隙数据传输,界面直观,操作方便。创建电路模型、选用元器件和测量仪器均可直接点击鼠标从屏幕图标中选取。Multisim 具有以下突出的特点:

(1) 建立电路原理图方便快捷。

Multisim 为用户提供数量众多的现实元器件和虚拟元器件,分门别类地存放在 14 个器件库中,绘制电路图时只需打开器件库,再用鼠标左键选中要用的元器件,并把它拖放到工作区,当光标移动到元器件的引脚时,软件会自动产生一个带十字的黑点,进入连线状态,单击鼠标左键确认后,移动鼠标即可实现连线,搭接电路原理图方便、快捷。

(2) 用虚拟仪器仪表测试电路性能参数及波形准确直观。

用户可在电路图中接入虚拟仪器仪表,方便地测试电路的性能参数及波形,Multisim 软件提供的虚拟仪器仪表有数字万用表、函数信号发生器、示波器、扫描仪、字信号发生器、逻辑分析仪、逻辑转换仪、功率表、失真分析仪、频谱分析仪和网络分析仪等,这些仪器仪表不仅外形和使用方法与实际仪器相同,而且测试的数值和波形更为精确可靠。

(3) 多种类型的仿真分析。

Multisim 可以进行直流工作点分析、交流分析、瞬态分析、傅里叶分析、噪声分析、失真分析、直流扫描分析、温度扫描分析、参数扫描分析、灵敏度分析、传输函数分析、极点-零点分析、最坏情况分析、蒙特卡罗分析、批处理分析、噪声图形分析及 RF 分析。分析结果以数值或波形直观地显示出来,为用户设计分析电路提供了极大的方便。

(4) 提供了与其他软件信息交换的接口。

Multisim 可以打开由 PSpice 等其他电路仿真软件所建立的 Spice 网络表文件,并自动形成相应的电路原理图也可将 Multisim 建立的电路原理图转换为网络表文件,提供给 Ultiboard 模块或其他 EDA 软件(如 Protel、Orcad 等)进行印制电路板图的自动布局和自动布线。

Multisim14 是美国国家仪器(NI)有限公司推出的 Multisim 新版本,在高校中作为电路、电子技术等电子信息课程学习的辅助工具而被广泛使用,有效地帮助学生提高了学习效率,加深了对电路、电子技术课程内容的理解。在个人计算机上安装了 Multisim14 电路仿真软件,就好像将电子实验室搬回了家或宿舍,完全可以在计算机上进行电路与电子技术实验。

二、Multisim 14 基本界面

1. Multisim14 的主窗口

启动 Multisim14,可以看到如图 F1－1 所示的 Multisim14 的主窗口。

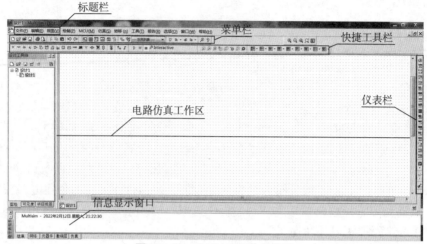

图 F1－1　Multisim14 的主窗口

主窗口的最上部是标题栏,显示当前运行的软件名称。标题栏下方是菜单栏,包含电路仿真的各种命令。再向下两行是快捷工具栏,其上显示了电路仿真常用的命令,并且都可以在菜单栏中找到对应的命令,可用菜单"视图"下的"工具栏"选项来显示或隐藏这些快捷工具。

快捷工具栏的下方从左到右依次是设计工具箱、电路仿真工作区和仪表栏。设计工具箱用于操作设计项目中各种类型的文件(如原理图文件、PCB 文件、报告清单等),电路仿真工作区是用户搭建电路的区域,仪表栏显示了 Multisim 14 能够提供的各种虚拟仪表。最下方的是设计信息显示窗口,主要用于快速地显示编辑元器件的参数。要进行仿真设计时,须:

(1) 从上方元器件库选择所需元器件,并放置到电路仿真工作区;

(2) 调整电路仿真工作区摆放元器件的布局,使之美观、整齐;

(3) 连接导线;

(4) 在需进行测试测量的地方(节点)放置测量仪器,如万用表、示波器等;

(5) 设置仿真参数;

(6) 运行仿真,观察波形和仿真数据;

(7) 若仿真结果不合要求,分析原因,再修改元器件参数和仿真参数,再观察分析仿真结果。

2. Multisim 14 的菜单栏

Multisim 14 的菜单栏共有 12 项主菜单命令,如图 F1－2 所示。当单击主菜单命令时,会弹出下拉菜单命令。本节介绍各项主菜单命令及其下拉菜单命令的功能及使用操作。

文件(F)　编辑(E)　视图(V)　绘制(P)　MCU(M)　仿真(S)　转移 (n)　工具(T)　报告(R)　选项(O)　窗口(W)　帮助(H)

图 F1－2　Multisim 14 的主菜单命令

(1) "文件"菜单

该菜单命令主要用于管理电路文件,如打开、存盘、打印和退出等。其中大多数命令与

Windows 的应用软件基本相同，此处不再赘述。下面主要介绍 Multisim 14 部分特有的命令。

打开样本　可以打开 Multisim 14 软件安装路径下的自带仿真例程。

新建项目、打开项目、保存项目和关闭项目　分别对工程文件进行创建、打开、保存和关闭操作。一个完整的工程包括原理图、PCB(印刷电路板)文件、仿真文件、工程文件和报告文件，可以将工程文件分门别类存放，便于管理。

打印选项　包括两个子命令，"电路图打印设置"和"打印仪表"。

(2)"编辑"菜单

主要用于在电路设计绘制过程中，对电路、元器件及仪器进行各种处理操作。下面主要介绍 Multisim 14 部分特有的命令。

选择性粘贴　将所复制的电路作为子电路进行粘贴。

删除多页　用于删除多页电路文件中的某一页电路文件。注意，删除的信息无法找回。

查找　用于搜索当前工作区内的元器件。

图形注解　用于编辑图形注释选项，利用它可以改变导线的颜色、类型、画笔的颜色、类型和箭头类型。

次序　用于安排已选图形的放置次序，可以选择"拿到前面"或"发送到后面"。

图层赋值　用于将已选的项目(如 ERC 错误标识、静态探针、注释和文本图形)安排到注释层。

图层设置　用于图层设置，设置可显示的对话框。

方向　用于改变元器件的放置方向(上下翻转、左右翻转或旋转)。

标题块位置　用于改变标题栏在电路仿真工作区的位置。

编辑符号/标题块　用于对电路仿真工作区已选元器件的图形符号或工作区内的标题框进行编辑。

字体　用于改变所选择对象的字体。

注释　用于修改所选择的注释。

表单/问题　用于对有关电路的记录或问题进行编辑。当设计任务由多人完成时，常需要通过邮件的形式对电路图、记录表及相关问题进行汇总和讨论，Multisim 14 可以方便地实现这一功能。

属性　用于对算选择的对象的属性编辑窗口。

(3)"视图"菜单

用于设置确定主窗口界面上显示的内容以及电路图的缩放显示等。其主要命令及功能如下：

全屏　用于全屏显示电路仿真工作区。

母电路图　用于返回到上一级工作区，用于切换到总电路原理图的显示。当用户正编辑子电路或分层模块时，单击该命令可以快速切换到总电路，当用户同时打开许多子电路时，该功能将方便用户的操作。

放大　用于放大电路窗口。

缩小　用于缩小电路窗口。

缩放区域　用于放大所选择的区域。

缩放页面　用于以页面为大小缩放，以显示整个电路工作区窗口。

缩放到大小　用于以特定比例缩放电路窗口，执行该命令后，有 200％、75％等比例可以选择。

缩放所选内容 用于对所选的电路进行放大。选中某个元器件后,执行该命令,则电路窗口中呈现该元器件放大后的特写。

网格 用于显示或隐藏网格。

边界 用于显示或隐藏电路窗口的边界。

打印页边界 用于显示或隐藏打印时纸张的边界。

标尺 用于显示或隐藏电路工作区最上方空白处的标尺栏。

状态栏 用于显示或隐藏仿真进行时的状态。

设计工具箱 用于显示或隐藏基本工作界面左侧的设计工具箱窗口。

电子表格视图 用于显示或隐藏电子表格视窗。

SPICE 网表查看器 用于显示或隐藏 SPICE 网表文件视窗。

LabVIEW 协同仿真终端 为 LabVIEW 和 Multisim 联合使用命令。

描述框 用于电路功能描述。

工具栏 用于显示或隐藏标准工具栏、元器件工具栏、仪表工具栏等基本操作界面中的快捷工具栏选项。用户可以根据自己的需要通过"工具栏"来设置快捷工具栏;也可以在菜单栏的空白处单击鼠标右键,在弹出的快捷菜单中选择"自定义界面"命令来自定义快捷工具栏。

显示注释/探针 用于显示或隐藏电路窗口中用于解释电路功能的文本框,只有在"放置"菜单项添加文本框后,才能激活该选项。

图示仪 用于以图表的方式显示仿真结果,在使用 Multisim 14 中自带的分析方法后才能在"图示仪视图"对话框中显示结果。

(4)"绘制"菜单

用来提供在电路窗口内放置元件、连接点、总线和文字等命令,同时包括创建新层次模块,新建子电路等层次化电路设计选项,其主要命令及功能如下:

元器件… 用于放置元件。

结点 用于放置结点。

导线 用于放置一根导线。

总线 用于放置一根总线。

连接器 用于放置创建的不同类型的电路连接器。

新建层次块… 用于建立一个新的分层模块(此模块是只含有输入、输出结点的空白电路)。

层次块来自文件… 用于从已有电路文件中选择一个作为层次电路模块。

用层次块替换… 用于电路窗口中所选电路将会被一个新的分层模块替换。

新建子电路… 用于创建一个新的子电路。

用子电路替换… 用于一个子电路替换所选的电路。

多页… 用于增加多页电路图中的一个电路图(新建多页电路)。

总线向量连接… 用于放置总线向量连接器,这是从多引脚器件上引出很多连接端的首选方法。

注释 用于在工作空间中放置注释。

文本 用于放置文本。

图形 用于放置直线、折线、长方形、椭圆、圆弧、多边形等图形。

标题块　用于放置标题栏。

（5）"MCU"（微控制器）菜单

"MCU"菜单用于含微控制器的电路设计和仿真，提供微控制器编译和调试等功能。主要菜单包括 MCU 窗口、调试视图格式、调试状态、单步调试等。其主要功能与一般编译调试软件类似。

（6）"仿真"菜单

用于提供电路仿真设置与操作命令。其主要命令及功能如下：

运行　用于运行仿真。

暂停　用于暂停仿真。

停止　用于停止仿真。

Analyses and simulation　用于对被选中的电路进行直流工作点分析、交流分析、暂态分析、傅里叶分析等。

仪器　用于选择虚拟仿真仪表。

混合模式仿真设置　用于复杂仿真设置，如混合模式仿真参数的设置。

探针设置和逆转探针方向　用于探针设置和逆转探针方向（探针的极性取反）。

后处理器　用于对电路分析进行后处理。

仿真错误记录信息窗口　用于显示仿真错误记录/审计追踪、检查仿真轨迹。

XSPICE 命令行界面　用于显示 XSPICE 命令行窗口。

加载仿真设置　用于加载曾经保存的仿真设置。

保存仿真设置　用于保存以后会用到的仿真设置。

自动故障选项　用于电路故障自动设置选项。

清除仪器数据　清除仿真仪器（如示波器）中的波形或数据，但不清除仿真图形中的波形。在仿真过程中，该选项一直处于激活状态，若单击则使虚拟仪表中的数据暂时消失。

使用容差　用于设置全局元器件的应用允许误差。

（7）"转移"菜单

用来提供将仿真结果传递给其他软件处理的命令。其主要命令及功能如下：

转移到 Ultiboard　用于将原理图传送给 Ultiboard。

正向注解到 Ultiboard　用于将 Multisim 中电路元器件的注释传送到 Ultiboard 文件中。

从文件反向注解　用于将 Ultiboard 中电路元器件的注释传送到 Multisim 14 中，从而使 Multisim 14 中的元器件注释相应变化。使用该命令时，电路文件必须打开。

导出到其他 PCB 布局文件　如果用户使用的是 Ultiboard 以外的其他 PCB 设计软件，"导出到其他 PCB 布局文件"命令可以将所需格式的文件传送到该第三方 PCB 设计软件中。

导出 SPICE 网表　用于输出用户电路文件所对应的网表。

高亮显示 Ultiboard 中的选择　当 Ultiboard 运行时，如果在 Multisim 中选择某元器件，"高亮显示 Ultiboard 中的选择"命令用于在 Ultiboard 电路中的对应部分高亮度显示。

（8）"工具"菜单

主要用于编辑或管理元器件和元件库的命令。其主要命令及功能如下：

元器件向导　打开创建新元器件向导。

数据库　用户数据库菜单。

变量管理器　用于为变量设置。

设置有效变体　用于将指定的可变电路激活。

电路向导　用于电路创建向导。

SPICE 网表查看器　用于查看网格表。

替换元器件　用于对已选元器件进行替换。

电路法则查验　用于电路工作窗口进行电气性能测试,可检查电气连接错误。

清除 ERC 标记　用于清除电气性能错误标识。

切换 NC 标记　用于在已选的引脚放置一个 NC 标号,防止将导线错误连接到该引脚。

符号编辑器　用于打开电路元器件外形编辑器。

标题块编辑器　用于标题块编辑。

描述框编辑器　用于在设计工具箱窗口添加关于电路功能的文本描述。

捕获屏幕区　用于对屏幕上的特定区域进行图形捕捉。

在线设计资源　提供设计电路时,相关示例资料的在线帮助。

(9)"报告"菜单

主要用于输出电路的各种统计报告,其主要命令及功能如下:

材料单　用于产生当前电路文件的元器件清单。

元器件详情报告　用于产生当前元器件存储在数据库中的所有信息。

网表报告　用于产生网表文件报告,提供每个元器件的电路连通性信息。

交叉引用报告　用于显示当前电路窗口中所有元器件的详细参数报告。

原理图统计数据　用于显示电路原理图的统计信息。

多余门电路报告　用于显示电路文件中未使用的门电路的报告。

(10)"选项"菜单

用于定制电路的界面和电路某些功能的设定。其主要的命令及功能如下:

全局偏好　打开整体参数设置对话框。

电路图属性　用于设置电路工作区参数是否显示、设置显示方式和设置 PCB 参数。

锁定工具栏　用于锁定工具栏。

自定义界面　用于自定义用户界面。

(11)"窗口"菜单

用于提供一个电路的各个多页子电路,以及对不同的仿真电路同时浏览的功能。其主要的命令及功能如下:

新建窗口　打开一个和当前窗口相同的窗口。

关闭　关闭当前窗口。

全部关闭　关闭所有打开的文件。

层叠　用于层叠显示电路。

横向平铺　用于调整所有打开的电路窗口使它们在屏幕上横向平铺,方便用户浏览所有打开的文件。

纵向平铺　用于调整所有打开的电路窗口使它们在屏幕上纵向平铺,方便用户浏览所有打开的文件。

下一个窗口　用于转到下一个窗口。

上一个窗口　用于转到上一个窗口。

窗口　用于打开窗口对话框,用户可以选择对已打开的文件激活或关闭。

（12）"帮助"菜单

为用户提供在线技术帮助和使用指南。其主要的命令及功能如下：

Multisim 帮助　用于显示 Multisim 的帮助目录。

NI ELVISmx 帮助　用于打开 ELVIS 的帮助目录。

入门　打开 Multisim 入门指南。

专利　用于打开专利申明对话框。

查找范例　用于查找系统提供的各类仿真应用电路实例，打开电路后可以直接仿真运行或根据需要编辑电路。

关于 Multisim　用于显示有关 Multisim 的信息。

3. Multisim 14 的元器件工具栏

Multisim14 的元器件库工具栏按元件模型分门别类地放到 29 个器件库中，每个器件库放置同一类型的元件。由这 29 个器件库按钮（以元器件符号区分）组成的元器件工具栏，通常放置在工作窗口的上方（图 F1-1），也可将该工具栏任意移动。Multisim14 的器件库分虚拟器件和实际器件。所谓虚拟器件，即理想元器件。通常，虚拟元器件放置到电路工作区后，都要设置参数。而实际器件则没有这个必要，一般不需要设置参数。

如图 F1-3 所示为虚拟元器件工具栏，从左到右依次为集成运放、基本电路器件（如电阻、电容、电感、变压器等）、二极管和稳压管、晶体管（三极管等）、测量系列、其他相关器件、电源、额定器件和信号源。

图 F1-3　虚拟元器件工具栏

如图 F1-4 所示为实际元器件工具栏，但其中电源和信号源也是虚拟的，可修改其模型参数，而其他器件，则不能修改其模型参数。从左到右依次是电源/信号源库、基本元器件库、二极管库、晶体管库、模拟器件库、TTL 门电路库、CMOS 集成门电路库、集成数字芯片库、数模混合元器件库、显示元器件库、功率元器件库、其他元器件库、高级外围元器件库、RF 射频元器件库、机电类元器件库、NI 元器件库、连接元器件库、微处理器模块、层次化模块和总线模块。

图 F1-4　实际元器件工具栏

4. Multisim14 的仿真工具栏

Multisim14 的仿真工具栏如图 F1-5 所示。从左到右依次为电路仿真启动按钮、电路仿真暂停按钮、仿真停止按钮和活动分析功能按钮。

图 F1-5　仿真工具栏

5. Multisim 14 的仪器工具栏

Multisim14 的仪器工具栏如图 F1-6 所示。该工具栏有 21 种用来对电路进行测试的虚拟仪器仪表及探针，仪器工具栏从左到右分别为数字万用表、函数信号发生器、瓦特表、双通道示波器、四通道示波器、波特图仪、频率计、字信号发生器、逻辑分析仪、逻辑转换器、伏安特性分析仪、失真分析仪、频谱分析仪、网络分析仪、安捷伦函数发生器、安捷伦万用表、安捷伦示波器、泰克示波器、测量探针、LabVIEW 虚拟仪器、NI ELVIS 仪器工具和电流探针。虚拟仪器有两种视图:连接于电路的仪器图标、双击打开的仪器面板(可以设置仪器的控制和显示选项)。使用时,单击仪器库图标,拖拽所需仪器图标至电路设计区,按要求接至电路测试点,然后双击该仪器图标就可打开仪器的面板,进行设置和测试。

图 F1-6　仪器工具栏

(1) 数字万用表(Multimeter)

数字万用表用来完成直流电压、电流和电阻的测量显示,也可以用分贝形式显示电压和电流,其图标和面板如图 F1-7 所示。测电阻或电压时与所测端点并联,测电流时串联于被测支路中。

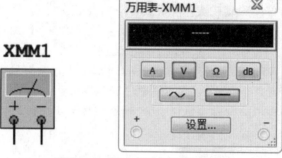

图 F1-7　数字万用表图标和面板

(2) 函数信号发生器(Function Generator)

函数信号发生器是用来产生正弦波、方波、三角波信号的仪器,其图标和面板如图 F1-8 所示。"占空比"只用于三角波和方波,其设定范围为(0.1~99)%。"偏置"用于设置偏置电压,把三种波形叠加在设置的偏置电压上输出。

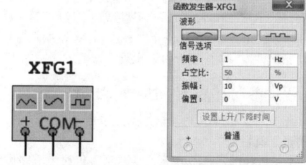

图 F1-8　函数信号发生器图标和面板

在仿真过程中要改变输出波形的类型、大小、占空比或偏置电压时,必须暂时关闭"O/I"开关,对上述内容改变后,重新启动,函数信号发生器才能按新设置的数据输出信号波形。

函数信号发生器的"+"端子与"COM"端子(公共段,common 端子)输出的信号为正极性信号(必须把 common 端子与公共地 ground 符号连接),而"一"端子与 common 端子之间输出负极性信号。两个信号极性相反,幅度相等。

(3) 功率表(Wattmeter)

功率表用来测量电路的功率,交流或者直流均可测量,其图标和面板如图 F1-9 所示。用鼠标双击功率表的图标,可以放大功率表的面板。电压输入端与测量电路并联连接,电流输入端与测量电路串联连接。

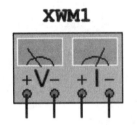
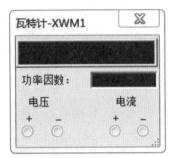

图 F1-9　功率表图标和面板

（4）双通道示波器（Oscilloscope）

双通道示波器用来显示电压信号波形的形状、大小和频率等参数,其图标和面板如图 F1-10 所示。示波器图标上的端子与电路测量点相连接,其中"A""B"为通道号,"Ext Trig"是外触发端。一般可以不画接地线,其默认是接地的。但电路中一定需要接地。示波器显示波形的颜色可以通过设置连接示波器的导线颜色确定。用鼠标拖拽读数指针可进行精确测量信号的周期和幅值等数据。

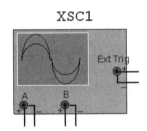
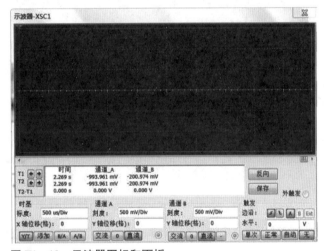

图 F1-10　示波器图标和面板

① 时基（Time base）控制部分的调整

（a）时间标度（Scale）

"标度",即 X 轴标度,显示示波器的时间基准,该基准可在 0.1 ns/Div～1 s/Div 范围内选择。

（b）"X 轴位移"（X Position）

"X 轴位移"控制 X 轴的起始点。当"X 轴位移"中为"0"时,信号从显示器的左边缘开始,正值使起始点右移,负值使起始点左移。"X 轴位移"的调节范围为-5.00～$+5.00$。

（c）显示方式选择

显示方式选择示波器的显示,可以从"Y/T"（幅度/时间）切换到"添加"方式或"A/B"（通道 A/通道 B）、"B/A"（通道 B/通道 A）。

Y/T:X 轴显示时间,Y 轴显示电压值。

添加:X 轴显示时间,Y 轴显示通道 A 和通道 B 的输入电压之和。

A/B、B/A:X 轴和 Y 轴都显示电压值。

② 示波器输入通道(通道 A/B)的设置

(a) Y 轴刻度(Scale)

"刻度"用于设定 Y 轴电压刻度,其范围为 $10\ \mu V/Div \sim 5\ kV/Div$。$Y$ 轴刻度值的大小可以根据输入信号大小来选择,使信号波形在示波器显示屏上显示出合适的幅度。

(b) "Y 轴位移"(Y Position)

"Y 轴位移"控制 Y 轴的起始点。当"Y 轴位移"为"0"时,Y 轴的起始点与 X 轴重合。如果将"Y 轴位移"增加到"1.00",则 Y 轴原点位置从 X 轴向上移一大格。若将"Y 轴位移"减小到"-1.00",则 Y 轴原点位置从 X 轴向下移一大格。"Y 轴位移"的调节范围为 $-3.00 \sim +3.00$。改变通道 A、B 的 Y 轴位移有助于比较或分辨两通道的波形。

(c) Y 轴输入方式

Y 轴输入方式即信号输入的耦合方式。如图 F1 - 10 所示,可选的耦合方式有"交流""直流""0"三种。当用交流耦合时,示波器显示信号的交流分量;当用直流耦合时,示波器显示信号的交流分量和直流分量之和;当用 0 耦合时,在 Y 轴设置的原点位置显示一条水平直线。

③ 触发方式(Trigger)的调整

(a) 触发沿(Edge)选择

触发沿(Edge)可以选择上升沿或下降沿触发。

(b) 触发电平(Level)选择

触发电平(Level)选择触发电平的范围。

(c) 触发信号选择

触发信号选择一般选择"自动"(Auto)触发"A"或"B",则用相应通道的信号作为触发信号。选择"Ext",则由外触发输入信号触发。选择"单次"为单脉冲触发。选择"正常"为一般脉冲触发。

④ 示波器显示波形读数

要显示波形读数的精确值时,可用鼠标将垂直光标拖到需要读取数据的位置。在显示屏幕下方的方框内,显示光标与波形垂直相交点处的时间和电压值,以及两光标位置之间的时间、电压的差值。

用鼠标单击"反向"按钮可改变示波器屏幕的背景颜色。用鼠标单击"保存"按钮可按 ASCII 码格式存储波形读数。

(5) 波特图仪(Bode Plotter)

波特图仪类似于扫频仪,可以测量和显示被测电路的幅频特性和相频特性,其图标和面板如图 F1 - 11 所示。

波特图仪有"IN"和"OUT"两对端口,输入端口"IN"连接被测电路的输入端,输出端口"OUT"连接被测电路的输出端。应当注意的是在使用波特图仪时,必须在电路的输入端接入交流信号源或函数发生器,此信号源由波特图仪自行控制,不需要设置。

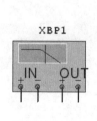

图 F1 - 11　波特图仪图标和面板

（6）字信号发生器（Word Generator）

字信号发生器是一个能够产生 32 位同步逻辑信号的仪器，用于对数字逻辑电路进行测试时的测试信号或输入信号。其图标和面板如图 F1‐12 所示。

字信号发生器图标下沿有 32 个输出端口。输出电压范围是低电平 0 V，高电平为 4～5 V。输出端口与被测电路的输入端相连。数据准备好，输出端"R"输出与字信号同步的时钟脉冲，"T"为外部触发信号输入端。

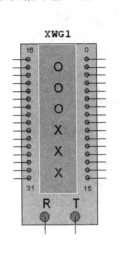

图 F1‐12　字信号发生器图标和面板

① 字信号编辑区

用于编辑和存放以 8 位十六进制数表示的 32 位字信号，其显示内容可以通过滚动条上下移动。用鼠标单击某一条字信号即可实现对其编辑。正在编辑或输出的某条字信号，它被实时地以二进制数显示在"Binary"框里和 32 位输出显示板上。对某条字信号的编辑也可在"Binary"框里输入二进制数来实现，系统会自动地将二进制数转换为十六进制数，并显示在字信号编辑区。点击鼠标右键可设置/去除断点、设置输出字信号的首地址（Set Initial Position）、设置输出字信号的末地址（Set Final Position）。

② 输出方式选择

循环　字信号在设置的首地址和末地址之间周而复始地输出。

单帧　字信号从设置的首地址逐条输出，输出到末地址自动停止。

单步　字信号以单步的方式输出，即鼠标点击一次，输出一条字信号。

设置　用于设置字信号的类型和数量。

③ 触发方式选择

内部　内触发方式。字信号的输出直接受输出方式单步、单帧和循环的控制。

外部　外触发方式。当选择外触发方式时，需外触发脉冲信号，且需设置"上升沿触发"或"下降沿触发"，然后选择输出方式，这样当外触发脉冲信号到来时，才能使字信号输出。

输出频率设置　控制循环和单帧输出方式下字信号输出的快慢。

（7）逻辑分析仪（Logic Analyzer）

逻辑分析仪可以同步记录和显示 16 路逻辑信号，可用于对数字逻辑信号的高速采集和时序分析，其图标和面板如图 F1‐13 所示。面板左侧的 16 个小圆圈对应 16 个输入端，小圆圈内实时显示各路输入逻辑信号的当前值,从上到下依次为最低位至最高位。通过修改连接导线颜色来区分显示的不同波形,波形显示的时间轴可通过 Clocks per division 予以设置。拖拽读数指针可读取波形的数据。

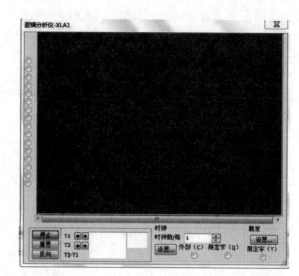

图 F1 - 13　逻辑分析仪图标和面板

① 触发方式设置

单击触发方式设置按钮,弹出"触发设置"对话框,如图 F1 - 14 所示。在对话框中可以输入 A、B、C 三个触发字,三个触发字的识别方式由触发组合选择。当触发字的某一位设置为 X 时,则该位为 0 或 1 都可以,三个触发字的默认设置均为××××××××××××××××,表示只要第一个输入逻辑信号到达,不论逻辑值为 0 还是 1,逻辑分析仪均被触发开始波形采集;否则,必须满足触发字的组合条件才能触发。

触发限定字　对触发起控制作用。若该位为 X,触发控制不起作用,触发由触发字决定;若该位设置为 1(或 0),只有图标上连接的触发控制输入信号为 1(或 0)时,触发字才起作用;否则,即使 A、B、C 三个触发字的组合条件被满足也不能引起触发。

图 F1 - 14　触发设置对话框

② 取样时钟设置

单击取样时钟设置按钮,弹出"时钟设置"对话框,如图 F1 - 15 所示。时钟可以选择内时钟或外时钟,上升沿或下降沿有效。如选择内时钟可以设置频率。另外,对时钟限定进行设置可以决定输入时钟的控制方式。若使用默认方式 X,表示时钟总是开放,不受时钟控制信号的限制。若设置为 1 或 0,表示时钟控制为 1 或 0 时开放时钟,逻辑分析仪可以进行取样。

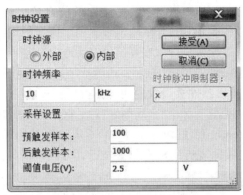

图 F1 - 15　时钟设置对话框

三、Multisim 14 的操作使用方法

下面以如图 F1 - 16 所示的"单管放大电路"为例,介绍使用 Multisim 14 建立电路、放置元器件、连接电路、连接仪表、运行仿真和保存电路文件等操作,帮助初学者轻松容易地掌握 Multisim 的使用要领,从而为编辑设计复杂的电子线路原理图奠定良好的基础。

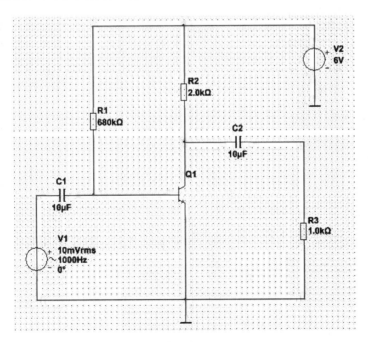

图 F1 - 16　单管放大电路

1. 建立电路文件

启动 Multisim 14,软件就自动创建一个默认标题为"设计 1"的新电路文件,该电路文件可以在保存时重新命名。

2. 定制用户界面

初次打开 Multisim 14 时,Multisim 14 仅提供一个基本界面,新文件的电路窗口是一片空白。定制用户界面的目的在于方便原理图的创建、电路的仿真分析和观察理解。因此,创建一个电路之前,最好根据具体电路的要求和用户的习惯设置一个特定的用户界面。定制用户界面的操作主要通过执行命令"选项"—"全局偏好",在弹出的对话框中对若干选项进行设置来实现。

该对话框中有 7 个页,每个页中包含若干个功能选项。这 7 个页基本能对电路的界面进行较为全面的设置,现将其中的元器件页设置说明如下:

执行命令"选项"—"全局偏好",弹出"全局偏好"对话框,打开元器件标签,如图 F1 - 17 所示。

在符号标准区内,Multisim 14 提供了两种电气元器件符号标准:"ANSI"为美国标准,"DIN"是欧洲标准。DIN 与我国现行的标准非常接近,所以应选择"DIN"。

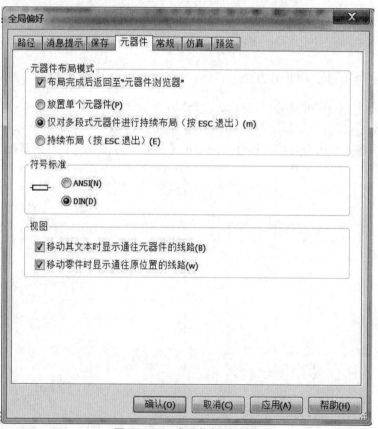

图 F1 - 17 全局偏好对话框

3. 放置元器件

Multisim 软件不仅提供了数量众多的元器件符号图形,而且精心设计了元器件的模型,并分门别类地存放在各个元器件库中。放置元器件就是将电路中所用的元器件从器件库中放置到工作区。我们现在要建立的单管放大电路中有电阻器、电容器、NPN 晶体管和直流电压源、接地和交流电压源等。下面具体说明元器件放置的方法步骤:

（1）放置电阻

用鼠标单击基本器件库按钮，即可打开该器件库，显现出内含的器件箱，如图 F1 - 18 所示。从图中可以看出，器件库中有两个电阻箱，一个存放着现时存在的电阻元件，其阻值符合实际标准，如 $1.0\,\mathrm{k\Omega}$、$2.2\,\mathrm{k\Omega}$、$5.1\,\mathrm{k\Omega}$ 等。这些元件在市面上可以买到，称为实际电阻。而像 $1.4\,\mathrm{k\Omega}$、$3.5\,\mathrm{k\Omega}$、$5.2\,\mathrm{k\Omega}$ 等非标准化电阻，在现实中不存在，我们称为虚拟电阻，虚拟电阻箱用绿色衬底表示，虚拟电阻调出来默认值均为 $1\mathrm{k\Omega}$，可以对虚拟电阻重新任意设置阻值。为了与实际电路接近，应该尽量选用现实电阻元件。

将光标移动到现实电阻箱上，单击鼠标左键，弹出一个元器件浏览对话框。在对话框中拉动滚动条，找出 $680\,\mathrm{k\Omega}$，单击"确认"按钮，即将 $680\,\mathrm{k\Omega}$ 电阻选中。选中的电阻紧随着鼠标指针在电路窗口内移动，移到合适位置后，单击即可将这个 $680\,\mathrm{k\Omega}$ 电阻放置在当前位置。以同样的操作可将 $2\,\mathrm{k\Omega}$、$1\,\mathrm{k\Omega}$ 两电阻放置到电路窗口适当的位置上。为了使电阻垂直放置，可让光标指向某元件，单击鼠标右键可弹出一个快捷菜单。在快捷菜单中选取"90 Clockwise"或"90 CounterCW"命令使其旋转 90°。

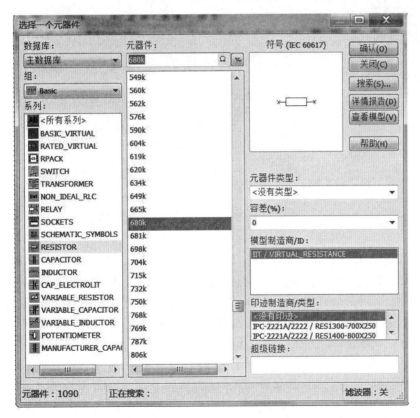

图 F1 - 18　打开的基本器件库

（2）放置电容

与前述放置电阻相似，在实际无极性电容器件箱中选择两个 $10\,\mu\mathrm{F}$ 电容，并将其放置到电路窗口的合适位置。

（3）放置 NPN 晶体管

用鼠标单击晶体管库按钮，即可打开该器件库，显现出内含的所有器件箱。由于电路中所用的晶体管为 3DG6($\beta=60$)为我国产品型号,现实器件箱中没有,因此单击 BJT_NPN 虚拟器件箱,立即会出现一个 BJT_NPN 晶体管跟随光标移动,到合适位置单击鼠标左键将其放置,然后双击该元件,弹出"BJT_NPN"对话框,如图 F1-19 所示。单击值标签页中的编辑模型按钮,弹出如图 F1-19 所示的"编辑模型"对话框,在对话框中将 BF(即 β)数值由 100 修改为 60,然后单击"更改元器件"按钮,回到"BJT_NPN"对话框,单击"确认"按钮,则完成对 BJT_NPN 的修改。

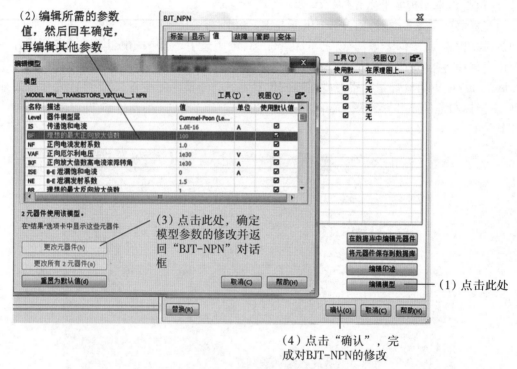

图 F1-19 "BJT_NPN"对话框

(4) 放置 6 V 直流电源

直流电源为放大电路提供电能,这个直流电压源可从电源库来选取。单击电源库,在弹出的电源箱中单击,出现一个直流电源跟随着光标移动,到合适位置单击放置,但看到其默认值为 12 V,双击该电源,出现如图 F1-20 所示的"DC_POWER"对话框,在对话框中将电压值改为 6 V,单击下部的"确认"按钮即可。

(5) 放置交流信号源

单击电源库中的图标,一个参数为 120 V 60 Hz 0° 的交流信号源跟随光标出现在电路窗口,将其放到适当位置上。本电路要求信号源是 10 mV 1000 Hz 0°,因此双击该信号源符号,弹出一个"AC_POWER"对话框,如图 F1-21 所示。在"值"标签页中将电压值修改为 10 mV,这是电压有效值,频率修改为 1000 Hz。交流信号也可以由函数信号发生器来提供。

(6) 放置接地端

接地端是电路的公共参考点,参考点的电位为 0 V。一个电路考虑连线方便,可以有多个接地端,但它们的电位都是 0 V,实际上属于同一点。如果一个电路中没有接地端,通常不能有效地进行仿真分析。

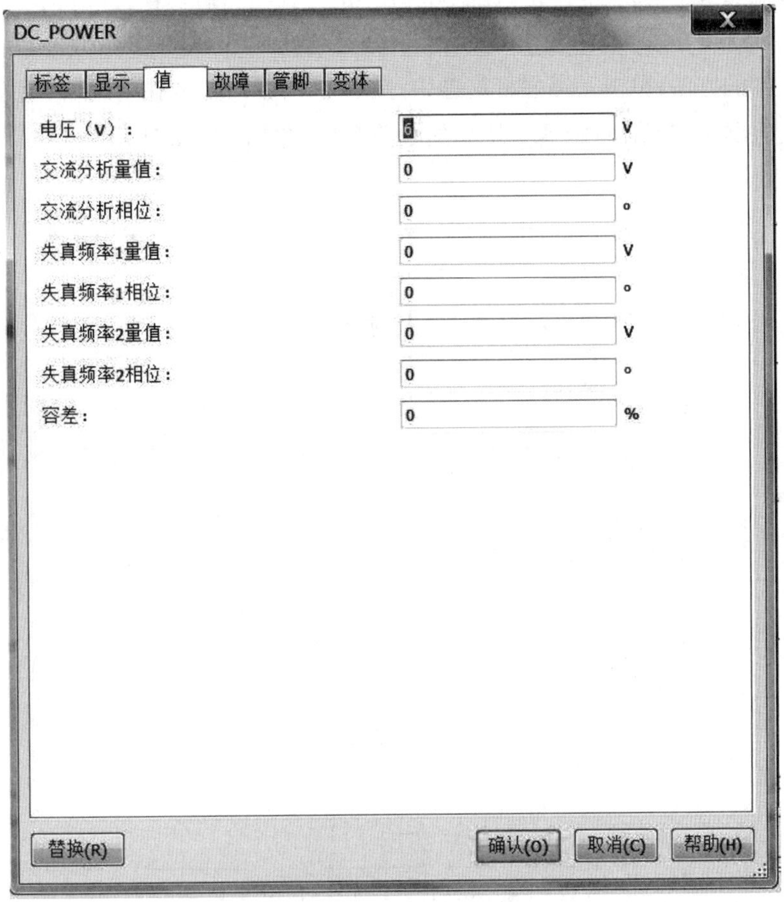

图 F1－20　DC_POWER 对话框

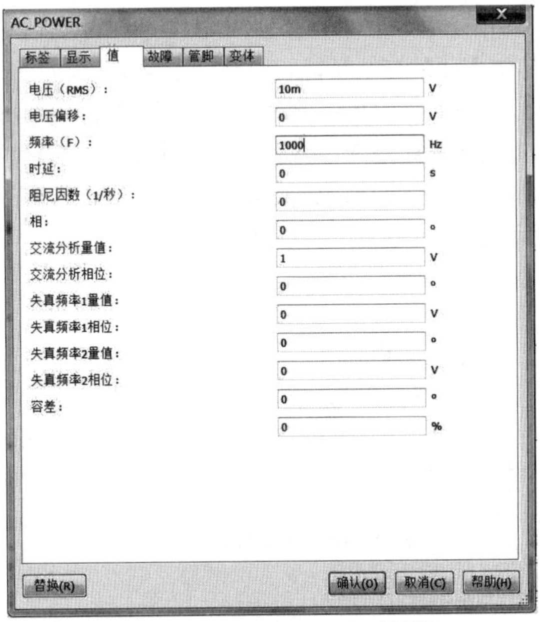

图 F1－21　AC_POWER 对话框

放置接地端非常方便,只需单击电源器件库中的接地按钮后再将其拖到电路窗口的合适位置即可。

删除元器件的方法:单击元器件将其选中,然后按下 Del 键,或执行编辑\删除命令。

单管放大电路所有元器件放置完毕后的电路窗口如图 F1－22 所示。

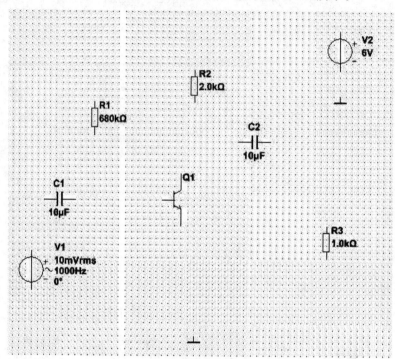

图 F1－22　元器件放置完毕后的电路窗口

4. 连接线路和放置结点

（1）连接线路

Multisim 软件具有非常方便的连线功能,只要将光标移动到元器件的管脚附近,就会自动形成一个带十字的圆黑点,如图 F1－23(a)所示,单击鼠标左键拖动光标,又会自动拖出一条虚线,到达连线的拐点处单击一下鼠标左键,如图 F1－23(b)所示;继续移动光标到下一个拐点处再单击一下鼠标左键,如图 F1－23(c)所示;接着移动光标到要连接的元器件管脚处再单击一下鼠标左键,一条连线就完成了,如图 F1－23(d)所示。

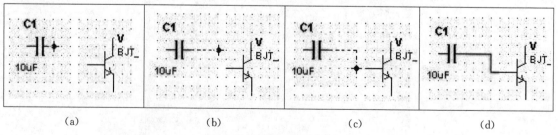

| (a) | (b) | (c) | (d) |

图 F1－23　连接线路操作过程

按照上述方法操作,完成电路中的所有连线。

（2）放置结点

结点即导线与导线的连接点,在图中表示为一个小圆点。一个节点最多可以连接 4 个方向的导线,即上下左右每个方向只能连接一条导线,且结点可以直接放置在连线中。

放置结点的方法:执行菜单命令绘制\结,会出现一个结点跟随光标移动,即可将结点放置到导线上的合适位置。

使用结点时应注意:只有在结点显示为一个实心的小黑点时才表示正确连接;两条线交叉连接处必须打上结点;两条线交叉处的结点可以从元器件引脚向导线方向连接自然形成,如图 F1 - 24 所示。也可以在导线上先放置结点,然后从结点再向元器件引脚连线,如图 F1 - 25 所示。

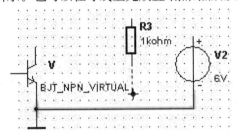

图 F1 - 24　从元器件引脚向导线方向连线

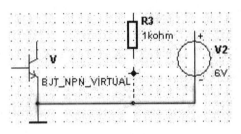

图 F1 - 25　从结点向元器件引脚连线

在连接电路时,Multisim 14 自动为每个结点分配一个编号,要显示结点编号可执行命令选项\电路图属性,弹出如图 F1 - 26 所示的对话框。打开电路图可见性标签,将网络名称区的全部显示项选中,单击对话框下部的确认按钮即可。

图 F1 - 26　电路图属性对话框

删除连线或结点的方法:

① 让光标箭头端部指向连线或结点,单击将其选中,然后按下 $\boxed{\text{Del}}$ 键,或执行编辑\删除命令。

② 让光标箭头端部指向连线或结点,单击鼠标右键,出现一个快捷菜单,执行删除命令。

5. 连接仪器仪表

电路图连接好后就可以将仪器仪表接入,以供实验分析使用。例如,接入电流表电压表测电流电压,接入波特图示仪可测试电路的幅频特性曲线。本例是接入一台示波器,首先单击仪器库按钮,弹出仪器器件箱,找到示波器图标并单击,示波器图标就跟随光标出现在电路窗口,移动光标在合适位置放置好示波器,然后将其与单管放大电路连接,示波器的 A 通道端接在输入信号源端,示波器的 B 通道端接在电路的输出端。为了便于对电路图和仪器的波形识别和读数,通常将某些特殊的连线及仪器的输入、输出线设置为不同的颜色。要设置某导线的颜色,可用鼠标右键单击该导线,屏幕弹出快捷菜单,执行区段颜色命令即弹出"颜色"对话框,根据需要用鼠标单击所需色块,并按下"确认"按钮,即可设置连线的不同颜色。

连接好后的单管放大电路如图 F1-27 所示。

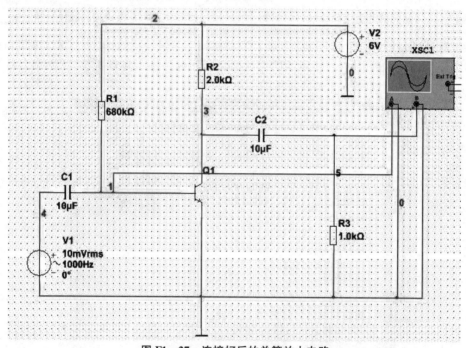

图 F1-27　连接好后的单管放大电路

6. 运行仿真

(1) 静态工作点分析

电路图绘制好后,在输出波形不失真情况下,单击"选项"→"电路图属性"→"全部显示",如图 F1-27 所示,显示出电路结点编号,然后单击"仿真"→"Analyses and simulation"→"直流工作点"→"输出选择需仿真的变量",如图 F1-28 所示,然后单击"Run"按钮,系统自动显示出运行结果,如图 F1-29 所示。

图 F1 - 28　静态工作点分析窗口

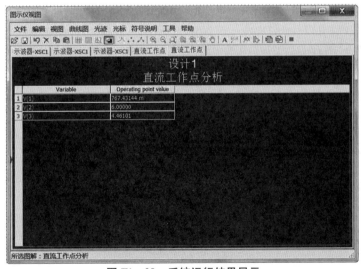

图 F1 - 29　系统运行结果显示

（2）动态分析

用鼠标左键单击主窗口上方的开关图标，软件自动开始运行仿真，要观察波形还需要双击示波器图标，展现示波器的面板，并对示波器作适当的设置，就可以显示测试的数值和波形。如图 F1 - 30 所示为单管放大电路连接的示波器所显示的输入输出波形，从波形上可以看出信号的周期为 1 ms，输入信号和输出信号的瞬时值，输出信号与输入信号呈反相关系。

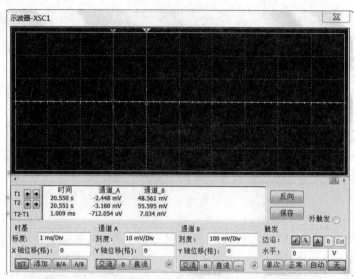

图 F1 - 30　示波器显示的单管放大电路输入输出波形

如果要暂停仿真操作，用鼠标左键单击主窗口上方的暂停图标，软件将停止运行仿真。也可以选择仿真\暂停命令停止仿真。再次按下运行图标，或选择执行仿真\运行命令，将激活电路，重新进入仿真过程。

若电路中用到开关，需按键盘的空格键（或通过对开关的键值重新设置），它才起作用。若用到可变电阻，需对它进行参数设置（键值、初始值、改变量），每按一次键，电阻值就会改变。

7. 保存电路文件

要保存电路文件，可以执行"文件"→"保存"命令。当想设计一个电路又不想改变原来的电路图时，用"文件"→"另存为"命令是很理想的。

通过上面的实例，我们可以总结出电路原理图的设计流程，如图 F1 - 31 所示。

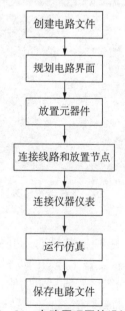

图 F1 - 31　电路原理图的设计流程

2　常用电子元器件的判别

一、色环电阻的判别

电阻按材料一般分为碳膜电阻、金属膜电阻、水泥电阻和线绕电阻等。在家用电器中一般使用碳膜电阻,因为它成本低廉。金属膜电阻精度较高,使用在要求较高的设备上。水泥电阻和线绕电阻一般用作大功率电阻,线绕电阻的精度也比较高,常用在要求很高的测量仪器上。小功率碳膜和金属膜电阻,一般都用色环表示其电阻阻值的大小,如图F2-1所示,阻值的单位为欧姆。

色环电阻分为四色环和五色环。普通色环电阻(误差±5％以上)只有四个色环,第一条色环代表阻值的第一位数字,第二条色环代表阻值的第二位数字,第三条色环代表10的幂数,第四条色环代表误差。色环上不同的颜色代表不同的数字。黑、棕、红、橙、黄、绿、蓝、紫、灰、白分别代表0,1,2,3,4,5,6,7,8,9,金、银表示误差。其中金色表示误差为5％,银色为10％,无色为20％。例如:有一个电阻色环顺序为红绿橙金,则第一位代表1,第二位代表5,第三位代表10的幂数为3(即1 000),误差为5％,那么阻值=25×1 000=25 000 Ω=25 kΩ。五色色环电阻用五条色环表示电阻的阻值大小:第一条色环代表阻值的第一位数字,第二条色环代表阻值的第二位数字,第三条色环代表阻值的第三位数字,第四条色环代表10的幂数,第五条色环代表误差(常见是棕色,误差为1％)。例如:有一个电阻的色环黄蓝黑橙棕,则前三位数字是460,第四位表示10的3次方,即1 000,阻值为460×1 000 Ω=460 kΩ。

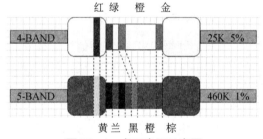

图F2-1　色环电阻示意图

为了区分色环电阻的首尾,注意,最后一个色环和其他色环距离较远。同时,在判断四色色环电阻时,金、银色环通常位于最后。

二、电容器极性判别

电容器的种类较多,按介质不同可分为纸介电容器、有机薄膜电容器、涤纶电容器、瓷介电容器、玻璃釉电容器、云母电容器、电解电容器等;按结构不同可分为固定电容器、可变电容器、微调(俗称半可变)电容器等。

对失掉正、负极标志的电解电容器,可用万用表电阻挡(一般用$R×1k$挡)测电阻的方法来判别极性。可先假定某极为"＋"极,让其与万用电表的黑表笔相接,另一个电极与万用电表的红表笔相接,同时观察并记住表针向右摆的幅度;然后,两只表笔对调重新测量。在两次测量中,若表针最后停留的摆动幅度较小,则说明该次对其正、负极的假设是对的,对某些铝壳电容器来说,其外壳为负极,中间的电极为正极。

三、晶体二极管极性和质量判别

从外观上看,二极管两端中有一端会有白色或黑色的一圈,这圈就代表二极管的负极,即

N 极。

如果二极管失掉正、负标记,则可以利用二极管的单向导电性,即其正向电阻小(一般为几百欧)而反向电阻大(一般为几十千欧至几百千欧),使用万用表对其进行极性和质量好坏判别。

1. 极性判别

将万用表拨到 $R \times 100$(或 $R \times 1k$)的欧姆挡(注意不要用 $R \times 1$ 挡或 $R \times 10k$ 挡,因为 $R \times 1$ 挡使用的电流太大,容易烧坏管子,而 $R \times 10k$ 挡使用的电压太高,可能击穿管子),将二极管的两只管脚分别与万用表的两根表棒相连,如图 F2-2 所示。如果测出的电阻较小(约几百欧),则与万用表黑表笔相接的一端是正极,另一端就是负极。相反,如果测出的电阻较大(约百千欧),那么与万用表黑表笔相连接的一端是负极,另一端就是正极。

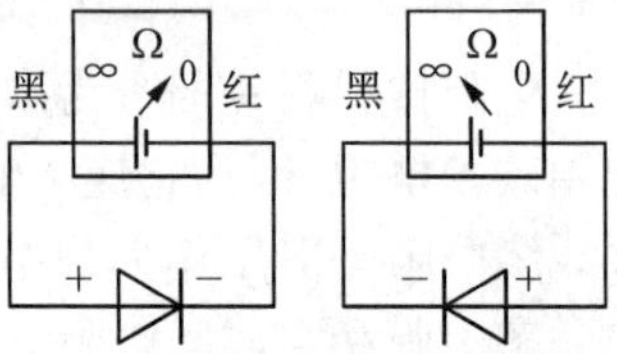

注意:如果使用数字万用表,不能用数字表的电阻挡来测量二极管,必须用二极管挡。此时,用两支表笔分别接触二极管两个电极,若显示值在 1V 以下,说明管子处于正向导通状态,红表笔接的是正极,黑表笔接的是负极。若显示溢出符号,如". OL",表明管子处于反向截止状态,黑表笔接的是正极,红表笔接的是负极。

图 F2-2　利用万用表判断二极管极性示意图

2. 二极管质量好坏的判别

一个二极管的正、反向电阻差别越大,其性能就越好。如果双向电值都较小,说明二极管质量差,不能使用;如果双向阻值都为无穷大,则说明该二极管已经断路。如双向阻值均为零,说明二极管已被击穿。

对于稳压管的极性判别可以使用相同的方法。

四、三极管管脚和管型判别

三极管的种类较多,按使用的半导体材料不同,可分为锗三极管和硅三极管两类。目前国产锗三极管多为 PNP 型,硅三极管多为 NPN 型;按制作工艺不同,可分为扩散管、合金管等;按功率不同,可分为小功率管、中功率管和大功率管;按工作频率不同,可分为低频管、高频管和超高频管;按用途不同,又可分为放大管和开关管等。另外每一种三极管中,又有多种型号,以区别其性能。在电子设备中,比较常用的是小功率的硅管和锗管。

要准确了解三极管的参数,需用专门的测量仪器进行测量,如晶体管特性图示仪,当没有专用仪器时也可以用万用表粗略判断,下面以指针式万用表为例介绍如何进行管脚的判别。

用万用表判别管脚的根据是:把晶体管的结构看成是两个背靠背的 PN 结,如图 F2-3 所示,对 NPN 管来说,基极是两个结的公共阳极;对 PNP 管来说,基极是两个结的公共阴极。

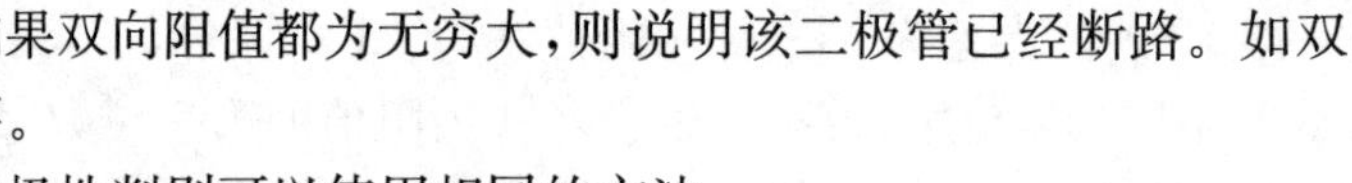

图 F2-3　NPN 管和 PNP 管的示意图

1. 判断三极管的基极和类型

对于功率在 1W 以下的中小功率管,可用万用表的 $R \times 100$ 或 $R \times 1k$ 挡测量,对于功率在 1W 以上的大功率管,可用万用表的 $R \times 1$ 或 $R \times 10$ 挡测量。

用黑表棒接触某一管脚,用红表棒分别接触另两个管脚,如表头读数都很小,则与黑表棒接触的那一管脚是基极,同时可知此三极管为 NPN 型。若用红表棒接触某一管脚,而用黑表棒分别接触另两个管脚,表头读数同样都很小时,则与红表棒接触的那一管脚是基极,同时可知此三极管为PNP型。用上述方法既可判定晶体三极管的基极,又可判别三极管的类型。

2. 判断三极管发射极和集电极

以NPN型三极管为例,确定基极后,假定其余的两只脚中的一只是集电极,将黑表棒接到此脚上,红表棒则接到假定的发射极上。用手指把假设的集电极和已测出的基极捏起来(但不要相碰),看表针指示,并记下此阻值的读数。然后再作相反假设,即把原来假设为集电极的脚假设为发射极,作同样的测试并记下此阻值的读数。比较两次读数的大小,若前者阻值较小,说明前者的假设是对的,那么黑表棒接的一只脚就是集电极,剩下的一只脚便是发射极。

若需判别是PNP型晶体三极管,仍用上述方法,但必须把表棒极性对调一下。

3. 用万用表估测电流放大系数 β

将万用表拨到相应电阻挡,按管型将万用表表棒接到对应的极上(若是NPN型管,黑笔接集电极,红笔接发射极;若是PNP型管,则黑笔接发射极,红笔接集电极)。测量发射极和集电极之间的电阻,再用手捏着基极和集电极,观察表针摆动幅度大小。摆动越大,则 β 越大。手捏在极与极之间等于给三极管提供了基极电流 I_b, I_b 的大小和手的潮湿程度有关。也可接一只 $50\sim 100\ \mathrm{k\Omega}$ 的电阻来代替手捏的方法进行测试。

一般的万用表具备测 β 的功能,将晶体管插入测试孔中就可以从表头刻度盘上直接读 β 值。若依此法来判别发射极和集电极也很容易,只要将e、c脚对调一下,在表针偏转较大的那一次测量中,从万用表插孔旁的标记就可以直接辨别出晶体管的发射极和集电极。

注意:如果使用数字万用表,必须用三极管挡来测量三极管。

五、万用表检测可控硅的方法

单向可控硅有阴极(K)、阳极(A)、控制极(G),如图F2-4所示。

1. 单向可控硅的极性判别

先任测两个极,若正、反测指针均不动($R \times 1$ 挡),可能是A、K或G、A极。若其中有一次测量指示为几十欧至几百欧,则红笔所接为K极,黑笔接的为G极,剩下即为A极。

2. 单向可控硅性能好坏的判别

使用万用表 $R \times 1$ 挡,对于 $1\sim 6$ A单向可控硅,红笔接K极,黑笔同时接通G、A极,在保持黑笔不脱离A极状态下断开G极,指针应指示几十欧至一百欧,此时可控硅已被触发,且触发电压低(或触发电流小)。然后瞬时断开A极再接通,指针应退回∞位置,则表明可控硅良好。

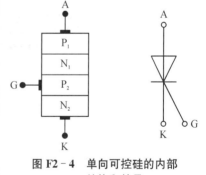

图 F2-4　单向可控硅的内部结构和符号

若保持接通A极时断开G极,指针立即退回∞位置,则说明可控硅触发电流太大或已损坏,这种情况下需要进一步测量判断可控硅是否损坏。

3 UT803 型万用表使用说明

一、概述

UT803 万用表是 5999 计数 $3\frac{5}{6}$ 数位，自动量程真有效值数字台式万用表。具有全功能显示，全量程过载保护功能。该仪表可测量：真有效值交流电压和电流、直流电压和电流、电阻、二极管、电路通断、电容、频率、温度(℃/℉)、hFE、最大/最小值等参数。它具有 RS232、USB 标准接口，并具备数据保持、欠压显示、背光和自动关机功能。

二、面板说明

UT803 面板如图 F3-1 所示。旋钮开关及按钮功能说明如表 F3-1 所示。LCD 显示器及各指示说明如图 F3-2 和表 F3-2 所示。

图 F3-1 UT803 型万用表外形结构图

表 F3-1 旋钮开关及按键功能表

开关符号	功 能 说 明	开关符号	功 能 说 明
V$\eqsim$	交直流电压测量	μA$\eqsim$ mA$\eqsim$ A$\eqsim$	0.1 μA～5 999 μA 交直流电流测量 0.01 mA～599.9 mA 交直流电流测量 0.01 A～20.00 A 交直流电流测量
Ω	电阻测量	POWER	电源按键开关
▶|	二极管，PN 结正向压降测量	LIGHT	背光控制轻触按键
•)))	电路通断测量	SELECT	选择交流或直流；电阻、二极管或电路通断；频率或华氏温度轻触按键
⊣⊢	电容测量	HOLD	数据保持轻触按键
Hz	频率测量	RANGE	量程选择轻触按键
℃	摄氏温度测量	RS232C	RS232 串行数据输出按键
℉	华氏温度测量	MAX MIN	最大或最小值选择按键
hFE	三极管放大倍数 β 测量	AC AC+DC	交流或交流＋直流选择按键开关

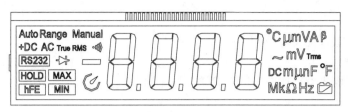

图 F3－2　LCD 显示器

表 F3－2　LCD 显示器上各指示说明

符　号	指 示 说 明	符　号	指 标 说 明
True RMS	真有效值提示符	▸◂	二极管测量提示符
HOLD	数据保持提示符	•)))	电路通断测量提示符
☾	具备自动关机功能提示符	Auto Manual	自动或手动量程提示符
━	显示负的读数	**MAX** **MIN**	最大或最小值提示符
AC	交流测量提示符	**RS232**	RS232 接口输出提示符
DC	直流测量提示符	▰	电池欠压提示符
AC＋DC	交流＋直流测量提示符	**HFE**	三极管放大倍数测量提示符
OL	超量程提示符		

三、使用说明

1. 交直流电压测量

（1）根据被测电压值的大小，将红表笔插入"mV/V"插孔，黑表笔插入"COM"插孔。如果被测电压值小于 600.0 mV，必须将红表笔改插入"mV"插孔。同时，利用"RANG"按钮，使仪表处于"手动"600.0 mV 挡（LCD 屏有"MANUL"和"mV"显示）。

（2）将功能旋钮开关置于"V ⩰"电压测量挡，按 SELECT 键选择"DC/AC"，将表笔并联到待测电源或负载上。如果需要测量交流加直流电压的真有效值，SELECT 键必须选择"AC＋DC"。

（3）从显示器上直接读取被测电压值，交流测量显示值为真有效值。

注意：该万用表的输入阻抗均约为 10 MΩ（除 600 mV 量程为大于 3 000 MΩ 外），仪表在测量高阻抗的电路时会引起测量上的误差。但是，大部分情况下，电路阻抗在 10 kΩ 以下，所以误差（0.1% 或更低）可以忽略。

2. 交直流电流测量

（1）根据测量电流的量程将红表笔插入"μA/mA"或"A"插孔，黑表笔插入"COM"插孔。

（2）将功能旋钮开关置于电流测量挡"μA ⩰、mA ⩰ 或 A ⩰"，按 SELECT 键选择"DC/AC"，将表笔串联到待测回路中。如果需要测量交流加直流电压的真有效值，SELECT 键必须选择"AC＋DC"。

（3）从显示器上直接读取被测电流值，交流测量显示真有效值。

注意：不要用万用表的电流挡去测量电压，否则将会损坏仪器。

3. 电阻测量

（1）将红表笔插入"Ω"插孔，黑表笔插入"COM"插孔。

（2）将功能旋钮开关置于"Ω •))) ▸◂"测量挡，按 SELECT 键选择电阻测量，并将表笔并联到被测电阻两端上。

（3）从显示器上直接读取被测电阻值。

4. 二极管测量

（1）将红表笔插入"Ω"插孔，黑表笔插入"COM"插孔。红表笔极性为"＋"，黑表笔极性为"－"。

（2）将功能旋钮开关置于"Ω •))) ＋"测量挡，按 SELECT 键，选择二极管测量，红表笔接到被测二极管的正极，黑表笔接到二极管的负极。

（3）从显示器上直接读取被测二极管的近似正向 PN 结电压。对硅 PN 结而言，一般500～800 mV 视为正常值。

5. 电容测量

（1）将红表笔插入"HzΩmV"插孔，黑表笔插入"COM"插孔。

（2）将功能旋钮开关置于"＋"挡位，此时仪表会显示一个固定读数，此数为仪表内部的分布电容值。对于小量程挡电容的测量，被测量值一定要减去此值，才能确保测量精度。

（3）在测量电容时，可以使用转接插座代替表笔（正负应该对应），将被测电容插入转接插座的对应孔位进行测量。使用转接插座，对于小量程挡电容的测量将更准确、稳定。

6. 三极管 hFE 测量

（1）将功能旋钮开关置于"hFE"挡位。

（2）将转接插座插入"μA/mA"和"Hz"两插孔。

（3）将被测 NPN 或 PNP 型三极管插入转接插座对应孔位。

（4）从显示器上直接读取被测三极管 hFE 近似值。

四、仪器使用注意事项

1. 在仪器采用电池供电时，当 LCD 显示器显示"▭"标志时，应及时更换电池，以确保测量精度。

2. 测量完毕应及时关断电源。长时间不用时，应取出电池（仅适用于电池供电）。

3. 当仪表正在测量时，不要接触裸露的电线、连接器、没有使用的输入端或正在测量的电路。特别是测量高于直流 60 V 或交流 30 V 以上的电压时，务必小心谨慎，切记手指不要超过表笔护指位，以防触电。

4. 在不能确定被测量值的范围时，须将仪表工作于最大量程位置。

5. 测量时，功能开关必须置于正确的位置。在功能开关转换之前，必须断开表笔与被测电路的连接，严禁在测量进行中转换挡位，以防损坏仪表。

6. 进行在线电阻、二极管或电路通断测量之前，必须先将被测器件所在电路中所有的电源切断，并将所有的电容器放尽残余电荷。

7. 万用表在使用中，当搁置一段时间不用时，屏幕会自动进入节能模式，显示消失，轻触面板上的【LIGHT】键可恢复显示。

8. 不要在高温、高湿、易燃、易爆和强电磁场环境中存放或使用仪表。

4 GPS -3303C 型直流稳压电源使用说明

一、概述

GPS-3303C 直流稳压电源具有 3 组独立直流电源输出,3 位数字显示器,可同时显示两组电压及电流,具有过载及反向极性保护,可选择连续/动态负载,输出具有 Enable/Disable 控制,具有自动串联及自动并联同步操作,定电压及定电流操作,并具有低涟波及杂讯的特点。其主要工作特性如表 F4-1 所示。

表 **F4-1** GPS-3303C 直流稳压电源主要工作特性

	CH1	CH2	CH3
输出电压	0～30 V		5 V 固定
输出电流	0～3 A		3 A 固定
串联同步输出电压	0～60 V		—
并联同步输出电压	0～6 A		

二、面板说明

面板说明参见图 F4-1 和表 F4-2。

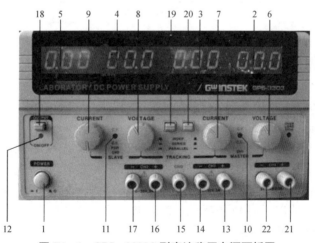

图 **F4-1** GPS-3303C 型直流稳压电源面板图

表 **F4-2** GPS-3303C 型直流稳压电源面板说明

序号	功 能 说 明
1	电源开关
2	CH1 输出电压显示 LED
3	CH1 输出电流显示 LED

序号	功　能　说　明
4	CH2 输出电压显示 LED
5	CH2 输出电流显示 LED
6	CH1 输出电压调节旋钮,在双路并联或串联模式时,该旋钮也用于 CH2 最大输出电压的调整
7	CH1 输出电流调节旋钮,在并联模式时,该旋钮也用于 CH2 最大输出电流的调整
8	CH2 输出电压调节旋钮,用于独立模式的 CH2 输出电压的调整
9	CH2 输出电流调节旋钮,用于独立模式的 CH2 输出电流的调整
10、11	C. V. /C. C. 指示灯,输出在恒压源状态时,C. V. 灯(绿灯)亮;输出在恒流源状态时,C. C. 灯(红灯)亮
12	输出指示灯,输出开关 18 揿下后,指示灯亮
13	CH1 正极输出端子
14	CH1 负极输出端子
15	GND 端子,大地和底座接地端子
16	CH2 正极输出端子
17	CH2 负极输出端子
18	输出开关,用于打开或关闭输出
19、20	TRACKING 模式组合按键,组合两个按键可将双路构成 INDEP(独立),SERIES(串联)或 PARALLEL(并联)的输出模式
21	CH3 正极输出端子
22	CH3 负极输出端子

三、使用方法

1. 做独立电压源使用

(1) 打开电源开关 **1**;

(2) 保持 **19**、**20** 两个按键都未按下;

(3) 选择输出通道,如 CH1;

(4) 将 CH1 输出电流调节旋钮 **7** 顺时针旋到底,CH1 输出电压调节旋钮 **6** 旋至零;

(5) 调节旋钮 **6**,输出电压值由显示 LED **2** 读出;

(6) 关闭电源,红/黑色测试线分别插入输出端正/负极,连接负载,待电路连接完毕,检查无误后打开电源,按下输出开关 **18**,信号灯 **12** 亮,电压源对电路供电。

2. 做并联或串联电压源使用

在用作电压源串联或并联时,两路电源分为主路电源(MASTER)和从路电源(SLAVE)。其中 CH1 为主路电源,CH2 为从路电源。

SERIES (串联)追踪模式:按下按钮 **19**,按钮 **20** 弹出,此时 CH1 输出端子负端("－")自动与 CH2 输出端子的正端("＋")连接。在该模式下,CH2 的输出最大电压和电流完全由 CH1 电压和电流控制。实际输出电压值为 CH1 表头显示的 2 倍,实际输出的电流可从 CH1 和 CH2 电流表表头读出。注意,在做电流调节时,CH2 电流控制旋钮需顺时针旋转到底。

在串联追踪模式下,如果只需单电源供电,可按如图 F4－2 所示的方法接线。如果希望得到一组共地的正负直流电源,可按如图 F4-3 的方法接线。

　　PARALLEL(并联)追踪模式:按下按钮 **19**、**20**,此时 CH1 输出端和 CH2 输出端自动并联,输出电压和电流由 CH1 主路电源控制。实际输出电压值为 CH1 表头显示值,实际输出的电流为 CH1 电流表表头显示读数的 2 倍。

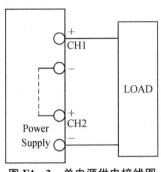

图 F4-2　单电源供电接线图

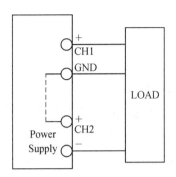

图 F4-3　正负电源供电接线图

四、注意事项

　　1. 电源使用时,必须正确与市电电源连接,并确保机壳良好接地。

　　2. 为了避免损坏仪器,请不要在周围温度超过 40℃ 以上的环境下使用此电源。

5　GOS-6031型示波器使用说明

一、概述

GOS-6031型示波器为手提式示波器,该示波器具有以微处理器为核心的操作系统,它具有两个输入通道,每一通道垂直偏向系统具有从1 mV到20 V共14挡可调,水平偏向系统可在0.2 μs到0.5 μs范围内调节。它具备LED显示及蜂鸣报警、TV触发、光标读出、数字面板设定、面板设定存储及呼叫等多种功能。

二、面板介绍

GOS-6031示波器的前面板可分为四个部分:1——垂直控制(Vertical),2——水平控制(Horizontal),3——触发控制(Trigger)和4——显示控制,如图F5-1所示。

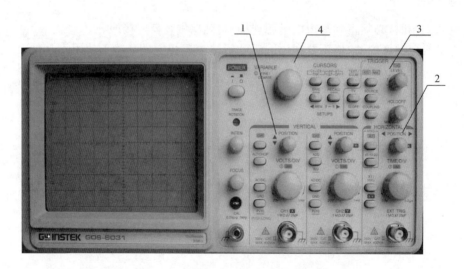

图 F5-1　GOS-6031 示波器面板图

下面分部分介绍实验中常用的一些旋钮的功能和作用。

1. 垂直控制

如图F5-2所示,垂直控制按钮用于选择输出信号及控制幅值。

(1) CH1, CH2:通道选择。

(2) POSITION:调节波形垂直方向的位置。

(3) ALT/CHOP:ALT为CH1、CH2双通道交替显示方式,CHOP为断续显示模式。

(4) ADD-INV:ADD为双通道相加显示模式,此时,两个信号将合并为一个信号显示。INV为反向功能,按住此钮几秒后,使CH2信号反向180°显示。

(5) VOLTS/DIV:波形幅值挡位选择旋钮,顺时针方向调整旋钮,以1—2—5顺序增加灵敏度,逆时针方向调整旋钮则减小。挡位可从1 mV/DIV到20 V/DIV之间选择,调节时挡位显示在屏幕上。按下此旋钮几秒后,可进行微调。

(6) AC/DC:交直流切换按钮。

(7) GND:按下此钮,使垂直信号的输入端接地,接地符号"⇀"显示在 LCD 上。

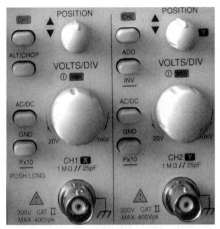

图 F5-2　垂直控制部分面板

图 F5-3　水平控制部分面板

2. 水平控制

如图 F5-3 所示,水平控制可选择时基操作模式和调节水平刻度、位置和信号的扩展。

(1) POSITION:信号水平位置调节旋钮,将信号在水平方向移动。

(2) TIME/DIV-VAR:波形时间挡位调节旋钮,顺时针方向调整旋钮,以 1—2—5 顺序增加灵敏度,逆时针方向调整旋钮则减小。挡位可在 $0.2\ \mu s/DIV \sim 0.5\ s/DIV$ 间选择,调节时挡位显示在屏幕上。按下此旋钮几秒后,可进行微调。

(3) ×1/MAG:按下此钮,可在×1(标准)和 MAG(放大)之间切换。

(4) MAG FUNCTION:当×1/MAG 按钮位于放大模式时,有×5,×10,×20 三个挡次的放大率。处于放大模式时,波形向左右方向扩展,显示在屏幕中心。

(5) ALT MAG:按下此钮,可以同时显示原始波形和放大波形。放大波形在原始波形下面 3DIV(格)距离处。

3. 触发控制

触发控制面板如图 F5-4 所示。

(1) ATO/NM 按钮及指示 LED:此按钮用于选择自动(AUTO)或一般(NORMAL)触发模式。通常选择使用 AUTO 模式,当同步信号变成低频信号(25 Hz 或更少)时,使用 NOMAL 模式。

(2) SOURCE:此按钮选择触发信号源。当按钮按下时,触发源以下列顺序改变 VERT—CH1—CH2—LINE—EXT—VERT,其中:

VERT(垂直模式)　触发信号轮流取至 CH1 和 CH2 通道,通常用于观察两个波形;

CH1　触发信号源来自 CH1 的输入端;

CH2　触发信号源来自 CH2 的输入端;

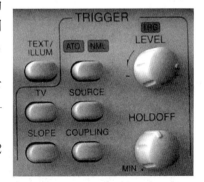

图 F5-4　触发控制部分面板

LINE　触发信号源从交流电源取样波形获得;

EXT　触发信号源从外部连接器输入,作为外部触发源信号。

(3) TRIGGER LEVEL:带有 TRG LED 的控制钮。通过旋转调节该旋钮触发稳定波形,如果触发条件符合时,TRG LED 亮。

(4) HOLD OFF:当信号波形复杂,使用 TRIGGER LEV 无法获得稳定的触发,旋转该旋钮可以调节 HOLD-OFF 时间(禁止触发周期超过扫描周期)。当该旋钮顺时针旋到头时,HOLD-OFF 周期最小,逆时针旋转时,HOLD-OFF 周期增加。

4. 显示器控制

显示器控制面板用于调整屏幕上的波形,提供探棒补偿的信号源。

(1) POWER:电源开关。

(2) INTEN:亮度调节。

(3) FOCUS:聚焦调节。

(4) TEXT/ILLUM:用于选择显示屏上文字的亮度或刻度的亮度。该功能和 VARIABLE 按钮有关,调节 VARIABLE 按钮可控制读值或刻度亮度。

(5) CURSORS:光标测量功能。在光标模式中,按 VARIABLE 控制钮可以在 FINE(细调)和 COARSE(粗调)两种方式下调节光标快慢。

(6) SAVE/RECALL:此仪器包含 10 组稳定的记忆器,可用于储存和呼叫所有电子式选择钮的设定状态。按住 SAVE 按钮约 3 s 将状态存储到记忆器,按住 RECALL 按钮 3 s,即可呼叫先前设定状态。

由于示波器旋钮和按键较多,其他旋钮、按键及其功能介绍参见仪器使用说明书。

三、使用说明

GOS-6021 示波器打开电源后,所有的主要面板设定都会显示在 LED 屏幕上。对于不正确的操作或将控制钮转到底时,蜂鸣器都会发出警讯。

示波器的使用较为复杂,在本书涉及实验中常用的操作步骤如下:

打开电源开关,选择合适的触发控制(如:ATO),选择输入通道(CH1, CH2)、触发源(Trigger Source)和交直流信号(AC/DC)。接入信号后,使用 INTEN 调节波形亮度,使用 FOCUS 调节聚焦,用 POSITION 调节垂直和水平位置,用 VOLTS/DIV 调节波形 Y 轴挡位,用 TIME/DIV 调节波形 X 轴挡位,调节 TRIGGER LEVEL 和 HOLD OFF 使波形稳定。

在用示波器双通道观察波形相位关系时,CH1 和 CH2 要首先按下接地(GND),调节垂直 POSITION,使双通道水平基准一致。然后弹起 GND,再观察波形相位关系。

四、仪器使用注意事项

1. 为得到使用仪器说明书中所示的技术性能指标,仪器应在环境温度为 0~40℃,且无强烈的电磁干扰的情况下使用。

2. 为防止电击,电源线要接地。

3. 示波器及探棒输入端子所能承受的最大电压见表 F5-1。

表 F5 - 1　各输入端最大输入电压

输　入　端	最大输入电压
CH1, CH2 输入端	400 V (DC＋AC Peak)
EXT TRIG 输入端	400 V (DC＋AC Peak)
探棒输入端	600 V (DC＋AC Peak)
Z 轴输入端	30 V (DC＋AC Peak)

6 SG1651A型信号发生器使用说明

一、概述

SG1651A型信号发生器是一台具有高度稳定性、多功能等特点的函数信号发生器,能直接产生正弦波、三角波、方波、斜波、脉冲波,波形对称可调并具有反向输出。频率计可做内部频率显示,也可外测 1 Hz~10.0 MHz 的信号频率,电压用 LED 显示。

二、面板说明

面板说明参见图 F6 - 1 及表 F6 - 1。

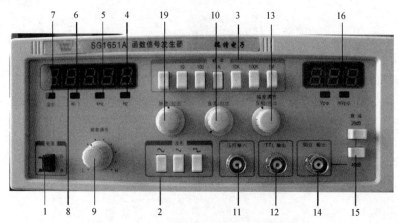

图 F6 - 1 SG1651A型信号发生器面板图

表 F6 - 1 SG1651A型信号发生器面板说明

序 号	面板标志	名 称	作 用
1	电源	电源开关	按下开关,电源接通,电源指示灯亮
2	波形	波形选择	1. 输出波形选择 2. 与 13, 19 配合使用可得到正负相锯齿波和脉冲波
3	频率	频率选择开关	频率选择开关与"9"配合选择工作频率 外测频率时选择闸门时间
4	Hz	频率单位	指示频率单位,灯亮有效
5	kHz	频率单位	指示频率单位,灯亮有效
6	闸门	闸门显示	此灯闪烁,说明频率计正在工作
7	溢出	频率溢出显示	当频率超过 5 个 LED 所显示范围时灯亮
8		频率 LED	所有内部产生频率或外测时的频率均由此 5 个 LED 显示
9	频率调节	频率调节	与"3"配合选择工作频率

· 206 ·

序　号	面板标志	名　称	作　用
10	直流/拉出	直流偏置调节输出	拉出此旋钮可设定任何波形的直流工作点,顺时针方向为正,逆时针方向为负
11	压控输入	压控信号输入	外接电压控制频率输入端
12	TTL 输出	TTL 输出	输出波形为 TTL 脉冲,可做同步信号
13	幅度调节反向/拉出	斜波倒置开关幅度调节旋钮	1. 与"19"配合使用,拉出时波形反向 2. 调节输出幅度大小
14	50 Ω 输出	信号输出	主信号波形由此输出,阻抗为 50 Ω
15	衰减	输出衰减	按下按键可产生－20 dB/－40 dB 衰减
16	Vp－p, mVp－p	电压 LED	

三、使用方法

(1) 打开电源开关 **1**。

(2) 选择输出信号波形:按下相应波形选择按钮 **2**。

(3) 调节输出信号频率:①选择频率量程:按下相应频率量程按钮 **3**;②调节输出信号频率:旋转频率调节旋钮 **9**,输出信号频率可由表头 **8** 读出。

(4) 调节输出信号幅值:旋转信号幅值调节旋钮 **13**,调节输出电压,输出值(峰-峰值)V_{P-P}可由表头 **16** 读出,而输出电压有效值需外接交流毫伏表测量。当输出电压较小时,如 10 mV,可配合使用衰减按钮 **15**,按下按键可分别产生 20 dB、40 dB 或 60 dB 的衰减信号,降低输出信号幅值。

四、仪器使用注意事项

1. 为得到使用仪器说明书中所示的技术性能指标,仪器必须先预热半小时,并在环境温度为 10～40 ℃,湿度为≤90％(＋40 ℃)且无强烈的电磁干扰的情况下使用。

2. 对输出端,TTL 输出端,压控输入端不应输入大于 10 V 的(AC＋DC)的直流电平,否则会损坏仪器。

7 AS2295A 型交流毫伏表使用说明

一、概述

AS2295A 双输入交流毫伏表用于交流电压有效值的测量。仪器采用卧式结构,数值显示采用指针式电表;挡级采用数码开关调节,发光管显示。它具有两个输入端,可通过选择按钮方便地进行通道切换。

该电压表具有测量电压的频率范围宽、测量电压灵敏度高、本机噪声低(典型值为 7 μV)、测量误差小(整机工作误差＝3％典型值)的优点,具有相当好的线性度。

为了防止开关机打表,损坏指针,本仪器内部装有开关机保护电路。在开机和通道切换时,挡级将自动切换到 300 V 挡。

二、工作特性

(1) 电压测量范围:30 μV～300 V,分 13 挡。

(2) 电压频率测量范围:5 Hz～2 MHz。

(3) 电平测量范围:－90～＋50 dBV,－90～＋52 dBm。

三、面板功能说明

面板说明参见图 F7－1 及表 F7－1。

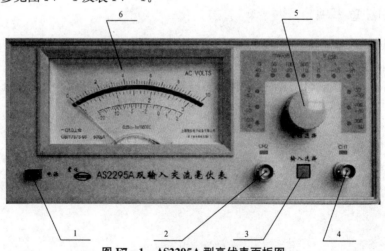

图 F7－1 AS2295A 型毫伏表面板图

表 F7－1 S2295A 型毫伏表面板说明

序　号	功能说明	序　号	功能说明
1	电源开关	**4**	输入插座 CH1
2	输入插座 CH2	**5**	输入量程旋钮
3	通道切换按钮	**6**	表头

四、使用方法

（1）打开电源开关 **1**。

（2）按 **3** 选择输入通道，调节 **5** 选择测量量程，测量时注意红表笔接待测回路中的正向端，黑表笔接地端。如果浮地测量，则需将毫伏表背板后的接地/浮地（GND/FLOAT）开关拨至"浮地挡"。

（3）读取测量值：根据选择的通道将输入信号由 CH1 或 CH2 送入交流毫伏表。读数时应注意，如果量程开关选用电压"0.3，3，30，300"挡，则用表头 **6** 黑色刻度下排标尺读数，如果量程选用电压"1，10，100"挡，则用表头 **6** 黑色刻度的上排标尺读数。

五、仪器使用注意事项

（1）测量仪器的放置以水平放置为宜。

（2）仪器在接通电源前，先观察表针机械零点是否为"零"，如果未在零位上，应左右拨动表的下方的小孔，进行调零。

（3）开机或通道切换后，量程自动置于最高挡。

（4）测量 30 V 以上的电压时，需注意安全。

（5）所测交流电压中的直流分量不得大于 100 V。

（6）接通电源及输入量程转换时，由于电容的放电过程，指针有所晃动，需待指针稳定后再读取数值。

8 验电笔

验电笔的构造如图 F8-1 所示,其外形有的像钢笔,有的像螺丝刀。它的内部是一只氖泡串联一个阻值大于 1 MΩ 的电阻。

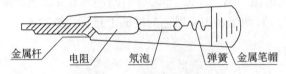

金属杆 电阻 氖泡 弹簧 金属笔帽

图 F8-1 验电笔的构造

验电笔是一种用来检验电线或电器设备是否带电的常用工具。使用时,将金属杆与待测点接触,手与金属笔帽接触。若氖灯发出红光,说明待测点是相线,否则就是零线。这是因为如果待测点是相线,那么它对地就有一定的电位。电流通过金属杆、电阻、氖泡、弹簧、金属笔帽、人体到地构成回路,使氖泡发光。若待测点无电流通过氖泡,它也就不会发光,说明待测点是零线。

实验室使用的验电笔通常是低压验电笔,其正常工作电压为 100～550 V,电压超出这个范围就不能使用了。需要注意的是,在使用验电笔之前先在确定有电的电线上测试,确认氖灯能正常发光后再使用。